八月黄

平 柿

1

黑缘红瓢虫

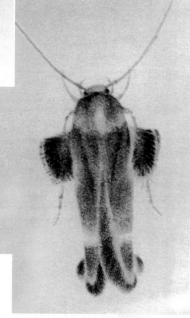

柿蒂虫成虫

红点唇瓢虫

2

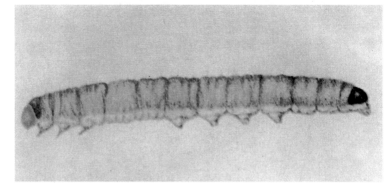

柿蒂虫幼虫

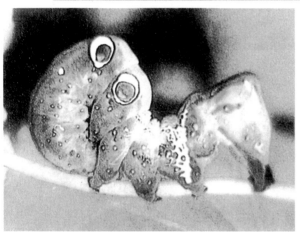

枯叶夜蛾幼虫

枯叶夜蛾成虫

3

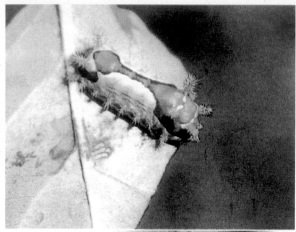

黄刺蛾幼虫

黄刺蛾虫茧
和成虫

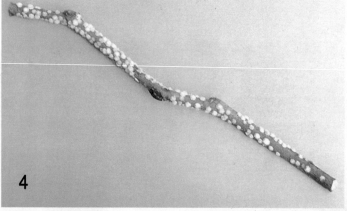

龟蜡蚧雌成虫

全国"星火计划"丛书

柿树栽培技术

（第二次修订版）

宗学普　黎　彦　编著

金盾出版社

内 容 提 要

本书由中国农业科学院郑州果树研究所宗学普和黎彦研究员编著并修订。内容包括:概述,柿的种类及主要栽培品种,柿树的生物学特性,苗木繁育,果园建立,土肥水管理,整形修剪,早期丰产技术要点,病虫害防治,柿果采贮、脱涩与加工。在修订过程中,作者对全书的内容做了大量的增补和认真的订正,使所介绍的柿优良品种达到 27 个,防治的病虫害种类达到 44 种,增加了柿的早期丰产技术,并把握了各栽培管理环节中的无公害生产技术。使全书内容更加丰富系统,技术更加先进实用。本书适合果农、农业技术人员和农校师生阅读使用。

图书在版编目(CIP)数据

柿树栽培技术/宗学普,黎彦编著. —第二次修订版. —北京:金盾出版社,2005.8
ISBN 978-7-5082-3672-8

Ⅰ. 柿… Ⅱ. ①宗…②黎… Ⅲ. 柿-果树园艺 Ⅳ. S665.2

中国版本图书馆 CIP 数据核字(2005)第 067992 号

金盾出版社出版、总发行
北京太平路 5 号(地铁万寿路站往南)
邮政编码:100036 电话:68214039 83219215
传真:68276683 网址:www.jdcbs.cn
彩色印刷:北京印刷一厂
黑白印刷:北京金盾印刷厂
装订:第七装订厂
各地新华书店经销
开本:787×1092 1/32 印张:5.25 彩页:4 字数:112 千字
2009 年 4 月第 2 次修订版第 25 次印刷
印数:247001—262000 册 定价:9.00 元
(凡购买金盾出版社的图书,如有缺页、
倒页、脱页者,本社发行部负责调换)

《全国"星火计划"丛书》编委会

本书编著者宗学普

通信地址：河南省郑州市航海东路南：中国农业科学院郑州果树研究所

邮政编码：450009

联系电话：(0371)65330962

序

　　经党中央、国务院批准实施的"星火计划",其目的是把科学技术引向农村,以振兴农村经济,促进农村经济结构的改革,意义深远。

　　实施"星火计划"的目标之一,是在农村知识青年中培训一批技术骨干和乡镇企业骨干,使之掌握一二门先进的适用技术或基本的乡镇企业管理知识。为此,亟需出版《"星火计划"丛书》,以保证教学质量。

　　中国出版工作者协会科技出版工作委员会主动提出愿意组织全国各科技出版社共同协作出版《"星火计划"丛书》,为"星火计划"服务。据此,国家科委决定委托中国出版工作者协会科技出版工作委员会组织出版《全国"星火计划"丛书》,并要求出版物科学性、针对性强,覆盖面广,理论联系实际,文字通俗易懂。

　　愿《全国"星火计划"丛书》的出版能促进科技的"星火"在广大农村逐渐形成"燎原"之势。同时,我们也希望广大读者对《全国"星火计划"丛书》的不足之处乃至缺点、错误提出批评和建议,以便不断改进提高。

《全国"星火计划"丛书》编委会

目　录

第一章　概　述 ……………………………………（1）

一、柿树的栽培历史 ………………………………（1）

二、柿树的分布与经济价值 ………………………（2）

（一）柿树的分布　　　　　（二）柿树的经济价值

…………（2）　　　　　　　…………（4）

第二章　柿的种类及主要栽培品种 ………………（6）

一、柿的种类 ………………………………………（6）

（一）柿 ……………（6）　　（五）山柿 …………（8）

（二）君迁子 ………（7）　　（六）毛柿 …………（8）

（三）油柿 …………（7）　　（七）弗吉尼亚柿 …（8）

（四）老鸦柿 ………（8）

二、柿的主要栽培品种 ……………………………（9）

（一）涩柿类 ………（9）　　（二）甜柿类 ………（18）

第三章　柿树的生物学特性 ………………………（21）

一、柿树的生长习性 ………………………………（21）

（一）根 ……………（21）　　（三）叶 …………（24）

（二）枝 ……………（22）　　（四）芽 …………（24）

二、柿树的结果习性 ………………………………（24）

三、柿树的生命周期 ………………………………（26）

（一）生长期 ………（26）　　（三）盛果期 ……（27）

（二）初结果期 ……（26）　　（四）衰老期 ……（27）

四、柿树对环境条件的要求 ………………………（28）

（一）温度 …………（28）　　（二）水 …………（29）

（三）光照……（30）　　　　度……（30）

（四）土壤及其酸碱　　（五）风……（30）

五、甜柿对环境条件的要求……………………………（31）

（一）温度……（31）　（三）光照……（32）

（二）降水量……（31）　（四）土壤……（32）

六、柿树落花落果的原因及防止措施…………………（32）

（一）落花落果的原　　（二）防止落花落果的

　　因……（32）　　　措施……（33）

第四章　柿树的苗木繁殖………………………………（35）

一、柿树的砧木培育……………………………………（35）

（一）砧木选择　…（35）　（三）整地与播种……（37）

（二）种子处理……（36）　（四）砧木苗管理……（38）

二、柿树的嫁接育苗……………………………………（39）

（一）嫁接要求……（39）　（三）嫁接后的管理……（45）

（二）嫁接方法……（40）　（四）苗木出圃……（47）

第五章　柿园的建立……………………………………（48）

一、园地的选择与规划…………………………………（48）

（一）确定多种经营　　（三）道路设置……（49）

　　的规模……（48）　（四）防护林营造……（49）

（二）规划小区……（48）　（五）灌溉系统设计……（49）

二、柿树的栽植…………………………………………（50）

（一）栽植方式……（50）　（四）品种选择与授粉品

（二）栽植距离……（51）　　种的搭配……（53）

（三）栽植时期……（53）　（五）定植技术……（54）

第六章　柿树的土、肥、水管理………………………（56）

一、柿树的土壤管理……………………………………（56）

（一）间作……（56）　（二）耕作……（56）

二、柿树的肥、水管理 ……………………………………………（56）

（一）施肥…………（56）　（三）排水……………（59）

（二）灌水…………（58）

第七章　柿树的整形修剪 ……………………………………（60）

一、柿树整形修剪的原则 ………………………………………（60）

（一）因树修剪，随 　　　　　　重结合 …………（60）

　　枝造形……（60）　（四）平衡树势，分清主

（二）长远规划，全 　　　　　　从 …………………（61）

　　面考虑……（60）　（五）大枝少而匀，小枝

（三）以轻为主，轻 　　　　　　多而不密 …………（61）

二、柿树的主要树形 ……………………………………………（61）

（一）主干疏散分层 　　　（二）自然圆头形 ………（62）

　　形 ………（61）

三、柿树的修剪时期与修剪方法 ………………………………（63）

（一）冬剪 …………（63）　（二）夏剪 ……………（67）

四、柿树的早期丰产修剪技术 …………………………………（68）

（一）扩大树冠，增加 　　（二）整枝壮树，保持连

　　枝叶量……（68）　　　　年丰产 …………（69）

第八章　柿树的早期丰产栽培技术要点 ………………（71）

一、种植密度 ……………………………………………………（71）

二、苗木选择 ……………………………………………………（71）

三、挖种植坑或种植沟 …………………………………………（71）

四、施肥 …………………………………………………………（72）

五、定植 …………………………………………………………（72）

六、定植后的管理 ………………………………………………（72）

七、环剥技术 ……………………………………………………（73）

八、树盘覆草 ……………………………………………………（73）

九、保叶 ……………………………………………（73）

十、提高坐果率的措施 …………………………（74）

十一、搞好早期整形修剪 ………………………（74）

十二、预防抽条 …………………………………（75）

  （一）抽条的原因 ………………………………（75）

  （二）防止抽条的措施 …………………………（75）

第九章　柿树的病虫害防治 …………………（77）

一、柿树的病害及其防治 ………………………（77）

  （一）柿炭疽病 ………（77）　　（八）柿蝇污病 …………（86）

  （二）柿角斑病 ………（79）　　（九）柿煤污病 …………（86）

  （三）柿圆斑病 ………（81）　　（十）柿胴枯病 …………（86）

  （四）柿白粉病 ………（82）　　（十一）柿白纹羽病 ……（87）

  （五）柿黑星病 ………（83）　　（十二）细菌性根癌病 …（88）

  （六）柿叶枯病 ………（84）　　（十三）柿疯病 …………（89）

  （七）柿褐纹病 ………（85）

二、柿树的虫害及其防治 ………………………（91）

  （一）柿蒂虫 …………（91）　　（十一）柿星尺蠖 ……（108）

  （二）柿绵蚧 …………（93）　　（十二）木橑尺蠖 ……（110）

  （三）龟蜡蚧 …………（95）　　（十三）大蓑蛾 ………（111）

  （四）草履蚧 …………（98）　　（十四）舞毒蛾 ………（113）

  （五）柿长绵蚧 …（101）　　（十五）柿梢鹰夜蛾 …（115）

  （六）角蜡蚧 ………（102）　　（十六）苹梢鹰夜蛾 …（116）

  （七）瘤坚大球蚧

    ………………（102）　　（十七）杨裳夜蛾 ……（117）

    （十八）黄刺蛾 ………（117）

  （八）红蜡蚧 ………（103）　　（十九）褐边绿刺蛾 …（119）

  （九）柿斑叶蝉 ……（105）　　（二十）柿花象 ………（120）

  （十）广翅蜡蝉 …（106）　　（二十一）毛胫夜蛾 …（121）

(二十二)枯叶夜蛾 ·············· (124)

······ (123) (二十四)绿盲蝽 ······ (125)

(二十三)桥夜蛾 (二十五)其他害虫 ··· (127)

三、柿树害虫的主要天敌 ············ (129)

(一)瓢虫 ······ (129) (二)寄生蜂 ······ (131)

四、柿树病虫害的综合防治 ············ (133)

(一)休眠期的防治 ·············· (134)

·············· (133) (四)幼果期至采收前

(二)发芽前的防治 的防治 ········ (134)

·············· (134) (五)注意保护天敌 ··· (135)

(三)落花后的防治

五、波尔多液、石硫合剂和矿物油乳剂的配制········ (135)

(一)波尔多液的配 制 ······ (136)

制 ······ (135) (三)矿物油乳剂的配

(二)石硫合剂的配 制 ······ (138)

第十章 柿果的采收、脱涩、贮藏与加工············ (141)

一、柿果采收 ················ (141)

(一)采收时间 ··· (141) (二)采收方法 ········ (142)

二、柿果脱涩 ················ (142)

(一)用温水脱涩···(143) (144)

(二)用石灰水脱涩 (五)用酒精脱涩 ······ (144)

······ (144) (六)用谷氨酸钠脱涩

(三)用二氧化碳脱 (145)

涩 ······ (144) (七)用松针脱涩 ······ (145)

(四)用乙烯利脱涩 (八)用榕树叶脱涩 ··· (145)

三、柿果贮藏 ················ (146)

(一)露天架藏法 ··· (146) (二)液藏法 ········ (146)

(三)冷冻保藏法………　　(四)气调保藏法 ……（148）

……………………（147）

四、柿果加工 ………………………………………（148）

(一)果酱的制作…（148）　(三)柿饼的烘制 ……（150）

(二)柿叶茶的加工…（149）　(四)柿醋的加工 ……（153）

第一章 概 述

一、柿树的栽培历史

柿树,原产于中国,品种资源丰富,栽培历史已有3 000余年。从保存下来的古书来看,如《诗经·豳风》及《尔雅·释木篇》里,都有柿的记载。《东观汉记》中云:"有柿树生产屋上从庭中,遂茂"。在汉代初期的《礼记·内则》篇里,有"枣栗榛柿"的记载;司马相如的《上林赋》中,也有"枇杷橪柿,樗奈厚朴,楗枣杨梅,樱桃蒲萄"的叙述。公元3世纪末,郭义恭的《广志》中有"小者如杏。楔枣,味如柿"的记载。由此看来,当时已经把柿与君迁子区别开来了,并把柿树作为观赏树种放在宫廷、寺院中栽培。到了南北朝后,农业生产发展很快,逐步将多种观赏果树变成生产栽培果树。如《梁书》沈瑀传(公元502~549年)中,有"瑀为建德令,教民一丁种十五株桑,四株柿及梨栗;女丁半之,人咸欢说,顷之成林"的记载。6世纪贾思勰的《齐民要术》一书中,对柿树的栽培管理、嫁接、加工和贮藏,均有较详细的记载,如:"柿有小者栽之,无者,取枝于软枣根上插之,如插梨法。"到了唐代(公元618~907年),已经开始繁育优良品种。《地理志》中,亦有"……柿有数种,有如牛心者,有如鸡卵者,又有如鹿心者"等描述。到了宋代,《图经本草》(1062年)一书中,记载有"黄柿、红柿、朱柿、南方椑柿"及加工方法;《本草衍文》(1116年)中,有盖柿(即现今广泛分布的大磨盘柿)、牛心柿、蒸饼柿、朱柿和塔柿等品种的记载。以后,自宋末至元明清的历代书中,如《农桑辑要》(1273 年)、《王祯农书》(1313 年)、《本草纲目》(1578 年)、《汝南圃史》(1620 年)、《农政全书》(1628 年)、《柿考》和《广群芳谱》(1708 年)等古书中,对柿的品种、栽培管理、繁育方法及加工贮藏方法等,都有比较详细的记载。新中国成立后,柿树栽培发展很快,到了 20 世纪 90 年代,我国柿果生产成倍增长。如福建、江西等省建立了柿果商品生产基地。尤其是长江以南柿及甜柿发展势头较猛。现在,我国已经是世界上产柿果的大国。

我国柿树于唐代传入日本,在日本经过长期的驯化和栽培,通过芽变选种、杂交育种,已选出一批柿品种应用于生产。我国柿树又于 15 世纪传入朝鲜,18 世纪(1760 年)传入法国。到 20 世纪初,地中海亚热带地区,意大利及南欧国家,埃及和阿尔及利亚,才有柿树栽培。美国在 1863 年,才从东方国家引入我国柿品种试种。

二、柿树的分布与经济价值

(一) 柿树的分布

柿树在我国分布广泛,界线十分明显。适宜其生长的生态气候条件,为年平均气温在 10℃以上、年降水量在 450 毫米以上的地区,所以柿树多数分布在北纬33°～37°之间。主要分界线是,东起辽宁的大连和河北的山海关,沿万里长城西延至山西的吕梁山,经陕西的宜川到甘肃的天水,南下到四川岷江水系以南,向西至小金,沿大雪山、雅砻江南下到云南,后至元江为南界。除此界线以外,还有一些小气候地域也有分布。

到 2000 年,柿树在我国的栽培面积达 66 700 公顷以上。

1988年,产鲜柿果73.3万吨。栽培最多的有山东、河南、河北、山西、陕西、安徽、浙江、福建和湖北等省;其次是四川、北京、广西、贵州、云南、广东和江西等地。

柿树的垂直分布,主要在海拔500米以下,在个别地区,它的分布海拔达到800米。在海拔3 000米的西藏东部地区,也有栽培。

山东省柿树栽培比较集中的,有青州、沂源、苍山、莱芜、沂水、滕州、泰安、菏泽和栖霞等地。品种以菏泽的耿饼在历史上最有名。栽培最多的品种,主要有历城的大面糊和小面糊,青州的大荸柿和小荸柿,栖霞的饼柿,菏泽的镜面柿和大二糙等品种。而沿海地区栽培盒柿品种较多。

河北省的柿树主产区,在太行山一带的邢台、赞皇、邯郸、武安和涉县等地。

北京市柿树集中产区在昌平县,以盖柿品种最为驰名。

山西省柿树的集中产区,有晋南的芮城、永济、运城、垣曲、万荣和稷山,晋东南的沁水、阳城、晋城和黎城等地。品种以橘蜜柿为最多(占总株数的50%),其次为火柿(占晋南的25%),还有七月红、牛心柿等多用途的优良品种。

河南省柿树的主产区,有豫西伏牛山区和豫北太行山区的各县,其中以荥阳、洛阳、博爱和林县等地,栽培最多。主要栽培品种有八月黄,在博爱约占98%;还有水柿和灰柿,分布在荥阳;鬼脸青和树梢红,分布在洛阳。

陕西省柿树产区,集中在渭南、临潼、长安、周至、宝鸡、商县、洛南、安康和汉中等地。最有名的品种是富平尖柿、三原鸡心黄柿和临潼火柿。

除我国外,世界其他国家栽培的柿树较少,年产鲜柿果总量仅100万吨左右。在亚洲,除中国外,日本栽培柿树较多,年产量为 34 万吨;朝鲜次之,年产量为 4 万吨;印度、菲律宾和澳大利亚等国,也有少量栽培。在欧洲,柿树栽培在地中海沿岸,以意大利栽培柿树较多,英、法等国仅有零星栽培。在美国南部,南非的纳塔耳和德兰士瓦,北非的阿尔及利亚等地,也有零星栽培。

（二）柿树的经济价值

柿树适应性强,栽培管理容易。树的寿命长,产量高。果实色泽艳丽,味甘甜多汁,营养丰富。柿树不论是在平地、山地,还是在盐碱地、土质瘠薄地,都能种植,而且生长良好。尤其是它耐盐碱力较强,是适宜海滩开发种植的主要树种之一。柿树在一般栽培管理条件下,二三十年生树单株可结果100～200 千克,四五十年生树产量可达 400～500 千克。在柿树主产区,到处可见一二百年生的大树仍果实累累。如山东菏泽柿产区,至今还有五百年生的老树。

柿果含有可溶性固形物10％～22％。每100 克鲜果中含有蛋白质0.7 克,糖类11 克,钙10 毫克,磷19 毫克,铁0.2 毫克,维生素 A 0.16 毫克,维生素 P 0.2 毫克,维生素 C 16 毫克,是梨的维生素 C 含量的 5 倍。柿果主要用于鲜食。在柿果销量较大的中国、日本、菲律宾、朝鲜、新加坡、马来西亚和印度尼西亚等国家,人们除日常食用外,还把柿果作为传统的节日佳品。我国明、清代以后,把柿果作为"木本粮食"。现今,仍把柿果作为时令果品,因而广泛栽培柿树。

柿果除了鲜食外,可加工成柿饼、柿酱、柿干、柿糖、柿汁、果冻、果丹皮、柿酒、柿醋、柿晶和柿霜等食品。我国柿产区的群众,自古以来就有以柿果加面粉制作糕饼的传统做法。用烘柿和柿饼制作的食品,一直深受人民群众的喜爱。由此看来,柿树是有价值的木本粮食果树。

柿蒂、柿涩汁、柿霜和柿叶，均可入药，能治疗肠胃病、心血管病和干眼病，还有止血润便、降压和解酒等作用。柿霜对热痰咳、口疮炎、喉痛和咽干等症，有显著疗效；柿蒂可治疗呃逆、百日咳及夜尿症；柿涩汁里含有单宁类物质，是降压的有效成分，对高血压、痔疮出血等症，都有疗效。柿叶茶，最早是日本民间饮用。如今，我国也开始生产柿叶茶，供应市场。由于柿叶茶含有类似茶叶中的单宁、芳香类物质，还含有多种维生素类、芦丁、肥碱、蛋白质、矿物质、糖和黄酮苷等。其干叶里维生素C最多，100克干叶中含有3 500毫克维生素C。常饮柿叶茶，对稳压、降压、软化血管、清血和消炎，均有一定的疗效，还可增强人体新陈代谢，有利小便、通大便、止牙痛、润皮肤、消除雀斑、除臭和醒酒等作用。

柿树适应性及抗病性均强。叶片大而厚。到了秋季柿果红彤彤，外观艳丽诱人；到了晚秋，柿叶也变成红色，此景观极为美丽。故柿树是园林绿化和庭院经济栽培的最佳树种之一。尤其是当前广大农村正在发展庭院经济的情况下，可大力推广柿树这一理想树种，既可美化环境，又可获得较为可观的经济效益。

第二章 柿的种类及主要栽培品种

一、柿的种类

柿属于柿树科,柿属。主要分布于热带和亚热带,少数产于暖温带。世界上的柿属植物约有200余种。中国有记载的约有40种,其中可作为果树栽培或砧木用的,有柿、君迁子、油柿、老鸦柿、山柿、毛柿和弗吉尼亚柿等七种。在这七个种当中,前六个种原产于我国,后一个种原产于美国。而前四个种在生产上应用较多。

（一） 柿

柿为柿属中最重要的种。柿树生产上应用的品种,绝大多数为此种。

该种原产于四川、云南、湖北和浙江等省。

柿为落叶乔木,树高12～15米。树皮呈鳞片状剥裂。冬芽有绒毛,钝圆形。花单生或双生,花萼白色,花冠4瓣,雌雄同株或异株。雄花较小,常3朵簇生,雄蕊16～24枚;雌花较大,常单生,萼片大,最后萼片呈4裂。花柱4个,自顶端直至基部分裂。心室4个,每室内生有假隔膜。果实卵圆或扁圆形,直径为3.5～7厘米,橙黄或淡黄色,可食。

柿树抗寒力较其他落叶果树弱,在−15℃温度下即开始遭受冻害。

柿为二倍体植物,2n＝90。

（二）君 迁 子

君迁子又叫软枣、牛奶柿、丁香柿、羊枣、黑枣、红蓝枣和豆柿等。主要分布于华北、华中各省，以河北、山东、河南、山西和陕西等地为最多。

此种分布甚广，除了我国外，在伊朗、土耳其、阿富汗等国都有野生分布。据前苏联学者报道，在库拉河中游和塔雷什山区有上千公顷纯林分布。

该种为落叶乔木，株高 10～15 米。树皮具沟状纵裂。小枝有毛，灰褐色。冬芽光滑无毛，锐尖。花单生或为完全花，雌雄同株或异株。花小，淡黄红色或绿白色。雄花多为 2～3 朵聚生在一起，雄蕊8～16 枚，多的可达50 枚。雌花退化，微显痕迹，雌花无梗。果实小，近球形，直径1.5～2.5 厘米，黄色，果皮具厚果粉。不落果，经霜打后或后熟果实变为蓝黑色，果皮皱缩，味甜可食，可做果干。果实有4～8 个心室，个别的为12个心室，每室有1 粒种子。萼片特发达。

此种抗寒能力强，适应性广，可作为柿树砧木。自古以来，都是把它作为嫁接柿的优良砧木。

君迁子为二倍体植物，$2n=30$。

君迁子的类型很多。山东栽培的有20 余个，河北约有7个。有无核和有核、圆形或长圆形之分，还有果皮为黑褐色、紫褐与蓝黑色之分。总之，在全国各地栽培的类型很多，有的类型很有开发利用价值，如无核黑枣等。

（三）油　柿

原产于我国中部和西南部，在福建、浙江、江西和湖北等省有其野生树分布。

此种主要供榨柿油之用。在七八月间,将未熟的果实采收榨取柿油,柿油用来油雨伞和鱼网等物。此种亦可作为柿树砧木用。

油柿为落叶乔木。小枝及叶片均密生茸毛,树干和枝呈灰白色。雌雄同株。果实圆形或卵圆形,单果重70～100克。果皮暗黄色,果面有稀疏茸毛,表面分泌有黏状油脂物。果肉橙黄色,有核。

（四）老 鸦 柿

原产于我国浙江和江苏等省,为落叶小乔木。枝条细而稍弯,光滑无毛。叶菱形或倒卵圆形,先端钝。果实红色,可食用。萼片细长,果梗长。主要作为观赏树种栽培。在浙江一带,它被作为柿树的砧木用。

（五）山　柿

山柿,又名罗浮柿、山榉柿。原产于我国南部的广东、广西、福建、浙江和台湾等地。山柿是常绿灌木或小乔木。喜生于山谷、路旁及阔叶林中。果实极小,直径为1～2厘米,长椭圆或近圆形。10月份成熟,可鲜食,也可供榨油之用。

（六）毛　柿

此种产于台湾省山区。该种为常绿乔木。果实大,扁球形,果面密被茸毛,深紫红色,直径为5厘米,可食用。在台湾、海南和广东有栽培。

（七）弗吉尼亚柿

又称美国柿。在美国东南部诸州有野生分布。目前已经作为果树栽培或作为柿树砧木利用。

此种为落叶乔木。植株高达15米,有的可达30米。树冠呈圆头形,枝条开张且下垂,幼枝被茸毛。树皮暗黑色,具有深沟方块状鳞片剥离。雌雄异株。花冠钟形,萼片反卷,雄花多为3朵聚生在一起,雄蕊16枚。雌花花梗短,单生,具有四个二分裂的花柱。果实球形或倒卵圆形,直径为2~3.5厘米,果皮淡黄、淡橙黄色,常有红晕,可食用。

此种抗寒力强,在美国北纬38°以南密执安州和纽约州生长旺盛,结果良好。

美国的栽培品种德尔马斯和金宝石等品种,均属于此种。

二、柿的主要栽培品种

我国柿品种繁多,据全国各地调查有1 000个左右。一般可分为两大类:一是涩柿类,柿果在树上不能自身脱涩,此类又可分为硬食用、软食用、制饼用及兼用四种。二是甜柿类,柿果在树上能自身脱涩,可供鲜食用。现将柿树生产上主要优良品种简介如下。

(一) 涩 柿 类

1. 硬食品种

(1)树楷红 该品种在河南洛阳发现。树势中等,树姿开张。树冠呈圆头形,树干皮浅灰褐色,裂纹细碎,较光滑。叶较小,椭圆形,先端急尖,基部楔形,叶色浓绿,有光泽,叶背有少量茸毛,叶柄中长。花小,只有雌花。结果枝着生在结果母枝第一至第六节上,果实在冠内分布均匀。生理落果少,产量稳定。果大,扁方形,平均果重150克,最大果重210克,果实大小整齐。果皮光滑细腻,橙红色。果蒂绿色、深凹。果肉橙红色,纤维少,无褐斑。味甜汁多,少核或无核,品质上等。8月中旬成熟。易脱涩,耐贮力强,以硬食用柿供应市场。

该品种具有极早熟、较丰产稳产等优良特性。特别是成熟极早,可提早上市,能增加一定的经济效益,是一个很有发展前途的优良品种。但其耐贮性差,应注意分期采收,或冷冻贮藏,以延长市场供应期。

(2)平　柿　又名磨盘柿、盖柿、排子柿、腰带柿和盒柿等。在我国南北地区均有分布,其中以河北省太行山北段及燕山南部分布最多。在世界上也较有影响。19世纪中叶,日本、朝鲜都曾引种栽培。树势强健,树冠高大,层次较明显,中心主干直立,向上生长力强,枝条稀疏且粗壮。果个大,单果重250～260克,扁圆形。果皮橙红色,果肉淡黄色,肉细多汁,味甜,纤维少,无核,品质上等。可供鲜食用。耐贮运。

该品种适应性强,喜深厚肥沃土壤,产量中等,大小年明显。抗风性较差,宜栽于背风向阳处。抗寒耐旱,抗柿疯病和圆斑病。

(3)水板柿　产于河南省洛阳市及其新安县。树冠圆头形,半开张,树干灰白色,裂皮宽大。叶片倒卵形,先端狭急尖,基部锐尖,叶背茸毛多,叶柄长。结果部位在结果枝第三至第五节,果实在冠内分布均匀,自然落果少。果实极大,平均单果重300克,最大单果重315克,为扁方形,大小均匀。果皮细腻,橙黄色。果梗粗,中长。果蒂绿色,蒂洼浅,蒂座圆形。果肉橙红色,风味浓,味甜,汁多,每果有种子1～3粒,品质上等。果实于10月中旬成熟。

该品种具有较强的抗逆性,抗旱、抗病虫能力和丰产稳产等特点,是一个较有发展前途的优良品种。果实极易脱涩,自然放置3～5天便可食用,软后皮不皱。用温水浸泡1天,果实便可完全脱涩。耐贮性较强,一般条件下可贮藏4个月。

(4)荥阳八月黄柿 该品种是河南省荥阳柿产区栽培最多的品种之一。植株中等高,树冠呈圆形或伞形。枝条较密,柔软下垂。叶片大,为广卵圆形,表面多皱褶,呈墨绿色。果实中等大,平均单果重150克,近圆柱形,橙红色,顶端色深,具6～8条明显的沟纹。萼片直立状,靠近萼片处具隆起状肉质圈或垫片状物。果实于10月上旬成熟,脱涩后既脆又甜,无籽,品质上等。除了硬食外,也可软食。

2. 软食品种

(1)火罐柿 产于河南省荥阳等地,是栽培较为普遍的优良软食品种。果实于10月上中旬成熟。植株高大,枝条稀疏,直立性强,树冠呈狭圆锥形或圆头形。叶片中等大,狭长椭圆形,基部尖,两侧微向上翻,为其特征。果实小,平均单果重50克左右,筒形,果顶圆整,果基平,萼片薄而大,平展。果皮薄,火红色,具灰白色果粉。落叶后果实仍悬挂枝头,十分美丽。果肉软化后为红色,细软多汁,味极甜,可剥皮食用,一般无籽或少籽,品质上等。果实耐贮藏性强,一般可贮至翌年2月间。

该品种适应性强,抗病力也强。丰产稳产。

(2)摘家烘 产于河南省洛阳市郊土桥沟、孙旗屯和五龙沟等地。树势强健,树冠圆形,主枝平缓开展,新梢有光泽,为褐红色。叶片大,船形,深绿色。果实略呈方圆形,具4棱或5棱,果面橙红色。平均单果重175克,肉质绵而多汁,味极甜,无核或少核,品质上等。以软柿供应市场,消费者极为喜爱。在洛阳市,果实于9月上旬成熟,是当地软食用柿的优良品种。

(3)眉县牛心柿 主产于陕西省眉县、周至、彬县和扶风一带。又叫水柿和帽盔柿。树冠圆头形,枝条稀疏;主干呈褐色,上有粗糙裂纹。叶大,呈卵圆形,先端急尖,基部圆形,表面有光泽。果大,平均单果重240克,最大果重达290克,果实方心形。果顶广尖,有"十"字状浅沟,基部稍方。蒂洼浅,果梗短稍粗。果面纵沟浅或无。果面及果肉均为橙红色,皮薄易破,肉质细软,纤维少,汁多,味甜,无核,品质上等。果实于10月中下旬成熟。

该品种适应性广,树势强健,连年丰产。抗风耐涝,病虫害少。植株抗逆性强,耐粗放管理,对土壤条件要求不严,坡地、滩地、多风地和涝地均可栽植。适合软食或脱涩后硬食,但皮薄汁多,不耐贮运。

(4)临潼太晶柿 主产于陕西省临潼地区,在当地果实于10月上中旬成熟。果实小,单果重30～50克。圆球形,果皮橙红色至鲜红色,果粉多,果肉软化后味极甜,无种子,品质上等。果实耐贮藏性强,专供软食用。

3. 制饼用品种

(1)博爱八月黄 分布于河南省博爱县及附近地区。树姿开张,树冠圆头形。叶片椭圆形,新梢棕褐色。果实中等大小,平均单果重140克,近扁方圆形,皮橘红色,果粉较多。果梗短粗,萼片向上反卷,果蒂大(图2-1)。果肉橙黄色,肉质细密,脆甜,汁中少,无核,品质上等。果实于10月下旬成熟,隔年结果现象不明显。

图2-1 博爱八月黄

该品种高产,稳产,树体健旺,寿命长。柿果可鲜食,也易加工,最宜制饼。

加工柿饼,不仅出饼率高,而且肉多,霜白,霜多,味正甘甜,品质颇佳,以"清化柿饼"闻名于省内外。其惟一不足之处,是其果为近扁方圆形,不易加工削皮。

(2)镜面柿类 产于山东省菏泽。树姿开张,树冠呈圆头形,植株生长较旺盛。果个中等,单果重130～150克,扁圆形。果皮薄而光滑,橙红色,横断面比纵断面略高(图2-2)。肉质松脆,味香甜,汁多,无核。根据成熟期可分为三个类型:早熟种(9月中旬),如八月黄,该品种肉质松脆,以鲜食为主;中熟种(10月上旬),如二早;晚熟种(10月中旬),如九月青。二早和九月青这两个品种,以制饼为主。所制成的柿饼肉质细,味甜,透亮,霜厚,素以"曹州耿饼"而驰名。

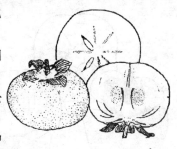

图 2-2 镜面柿

该品种丰产性好。喜肥沃砂壤土,稍抗旱,耐涝,不耐寒。抗逆性较差,对病虫害的抵抗能力差,病虫害较多。

(3)富平尖柿 主要分布在陕西省富平县。树冠圆头形,树势健壮。枝条稀疏,干皮灰黑色,裂纹粗。叶片椭圆形,先端钝尖,腰部宽楔形,叶缘略呈波状,两侧微向内折,色绿而有光泽。按果形可分为升底尖柿和辣角尖柿两种。果个中等,平均单果重155克,长椭圆形,大小较一致。皮橙黄色,果粉中多,无缝痕,无纵沟,果顶尖,果基凹,有皱褶。蒂大,圆形,萼片大,呈宽三角形,向上反卷。果梗粗长。果肉橙黄色,肉质致密,纤维少,汁液多,味极甜,无核或少核(0～4粒),品质上等。其果实于10月下旬成熟。

该品种最宜制饼。用它所加工的"合儿饼",具有个大、霜白、底亮、质润、味香甜五大特色,深受国内外市场欢迎。

(4)**绵 柿** 又名绵瓢柿和绵羊头等。集中产于河北省涉县、武安、沙河和内丘等地。幼树树姿较直立,结果后渐开张,呈自然半圆形。易形成结果枝,坐果率较高,稍有大小年现象。果个中等,平均单果重140克,最大果重可达150克,果短圆形。果皮薄,橘红色(图2-3)。果肉水少而质地绵软,纤维少,含糖量为23%~25%,味甜,无核,品质优良。果实于10月中下旬成熟。

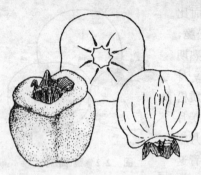

图 2-3 绵 柿

该品种适应性强,产量中等,成花成果容易。抗旱,耐涝,不抗柿疯病。可以供鲜食用,但最适宜加工制饼。果实耐贮运。

(5)**小萼子** 主要在山东省青州市栽培。又名牛心柿。树冠圆头形,树姿开张,枝条稠密,多弯曲。果个中等,平均单果重100克。果实心脏形,横断面略高。果皮橙红色,无纵沟。果顶尖圆,肩部圆形。蒂小,萼片直角卷起,故称"小萼子"。肉质细,橙黄色,汁液多,味甜,含糖量为19%,纤维少,多数无核,品质上等。果实于10月中下旬成熟。

该品种树势强壮,耐瘠薄,丰产性好,无大小年现象。果实最宜制饼,出柿饼率高达30%以上。也可鲜食。

(6)**荥阳水柿** 主要在河南省荥阳市栽培。植株高大,树姿水平开张,树冠呈自然半圆形。枝条稠密,叶片大,呈广椭圆形。果个中等,平均单果重145克。果形不一致,有圆形或方圆形两种,多为圆形,基部略方,顶端平。果皮橙黄色,纵沟极浅,无缢痕。皮细而微显网状。蒂凸起,呈四瓣形,萼片心形,向上反卷。果肉橙黄色,味甜,汁多,多数无核,品质上等。果实于10月中旬成熟。

该品种适应性强,对土壤条件要求不高。树势强健,抗柿病能力强,极为丰产。果实最宜制柿饼。

（7）**华南水柿**　主要产于广西壮族自治区恭城、平乐、荔浦及广东番禺等地。平均单果重100～120克,为扁圆形,顶端微下凹,具4条沟纹,萼片反卷。果实成熟时呈橙黄色,过熟时变为鲜红色,有果粉。肉色橙黄,制成柿饼后食之味极甜,品质上等。

该品种是广西制饼主要优良品种。

4. 兼用品种

（1）**安溪油柿**　产于福建省安溪县。树势中庸,树姿较开张。枝条稀疏,叶片广椭圆形。果实大,平均单果重280克。果形呈稍高扁圆形,果皮橙红色,柿蒂方形,微凸起(图2-4)。肉质柔软而细,纤维少,汁液多,味甜,品质上等。

该品种鲜食制饼均优。用它所制成的柿饼,红亮油光,品质颇佳,深受东南亚华侨的欢迎。

（2）**橘蜜柿**　在山西省西南部和陕西省关中东部栽培最多。又名旱柿、八月红、梨儿柿、水柿和水沙

图2-4　安溪油柿

红。树冠呈圆头形,枝细,叶小。果个小,平均单果重70克,扁圆形。皮橘红色,以形如橘、甜如蜜而得名。果肩常有断续缢

痕,呈花瓣状,无纵沟,果粉较厚(图2-5)。果肉橙红色,常有黑色粒状斑点,肉质松脆,味甜爽口,含糖量为20%,汁液中等,无核,品质上等。果实于10月上旬成熟。

图 2-5　橘蜜柿

该品种适应性广,抗寒性强,坐果率也较高,丰产、稳产性好。树体寿命长,果实用途广,可以鲜食,也可制柿饼。制柿饼所需时间极短。

(3)青州大萼子柿　产于山东省青州等地。树势强健,树姿开张,树冠圆头形。树干裂皮呈细方板状,新梢紫褐色,皮孔大而稀疏。叶片椭圆形,浅绿色,蜡质较少。结果部位在三至七年生枝段,以顶梢结果为主,侧梢结果少,每枝于中部坐果1～2个。果个中等大,呈矮圆头形,具4棱,平均单果重120克,最大果重145克。顶端平圆,果尖凹陷,果面光滑,橙红色。果顶具4条纵沟,呈"十"字形交叉。蒂大,萼洼中深,萼片呈直角反卷。果肉橙黄色,肉质松脆,汁多味甜,脱涩后质地极柔软,味甚香甜,无核,品质极佳。果实于10月下旬成熟。

该品种适应性强,耐旱,耐瘠薄地,极丰产。最宜烘、烤吃,也可鲜食。其饼制品色鲜,霜厚,柔软,味正,久存不干。以"青州吊饼"而驰名中外,畅销日本。

(4)元宵柿　产于广东省潮阳和福建省诏安一带。树体高大。果个大,单果重200克以上,最大果重可达320克,以鲜果能贮存至元宵节而得名。果实略高,近扁方形,横断面略圆。皮橙黄色,纵沟不明显,有黑色线状锈纹。蒂洼深,萼小,卷曲向上(图2-6)。

肉质细软,味浓甜,含糖量为21%,品质上等。在广东,果实于9月下旬至11月上旬采收,一般在10月下旬采收。最适宜制柿饼,也可供鲜食。

该品种果实较高产稳产,成熟期晚,且采收期长,可与农忙季节错开。是

图2-6 元宵柿

当地最有发展前途的鲜食、制柿饼兼用优良品种。果实耐贮藏。

(5)洛阳牛心柿 产于河南省洛阳等地。树势强健,树姿开张,树冠呈馒头形。新梢粗壮,黑红色,叶片长椭圆形。果实牛心形,单果重150～200克,果皮橙红色。果肉汁多,质绵,无核或少核,味浓甜,品质上等。在洛阳其果实于10月上中旬成熟,丰产,抗病虫力强。硬食、软食及制饼均可,最适宜加工柿饼。柿饼外形美观,肉红,柿霜极白,味道极佳,是传统的出口名特产。该品种的果实为硬柿,耐贮性强,可贮放到翌年2～3月间供应市场。

(6)圆冠红 产于河南省洛阳市,是当地名特产水果之一。树势中庸,树姿半开张,树冠圆锥形。叶片特大,阔卵圆形,叶色浓绿。果实扁心脏形,单果重150～200克。果皮橙红色,果顶凸尖,皮薄,果肉汁多,无核或少核,味极甜,品质上等。在河南省洛阳市,果实于8月下旬开始成熟,软食、硬食均可,也可制作柿饼。

该品种适应性广,抗病、虫能力强,可以适量发展。

（二）甜柿类

（1）罗田甜柿 产于我国湖北省、河南省和安徽省交界的大别山区，以湖北罗田及麻城部分地区栽培最多。树势强健，树姿较直立，树冠呈圆头形。枝条粗壮，一年生枝棕红色。叶大，阔心形，深绿色。果个中等，平均单果重100克，扁圆形。果皮粗糙，橙红色。果顶广平微凹，无纵沟，无缢痕（图2-7）。肉质细密，初无褐斑，熟后果顶有紫红色小点。味甜，含糖量为19%～21%，核较多，品质中上等。在罗田果实于10月上中旬成熟，但成熟期有早、

图 2-7 罗田甜柿

中、晚三类，每类采收期相隔10天。

该品种着色后便可直接食用。较稳产、高产，且寿命长，耐湿热，耐干旱。果实最宜鲜食，也可制柿饼和柿片等。惟果小核多，是其不足之处。

（2）鄂柿1号 产于湖北省罗田县大崎乡。该品种是从罗田甜柿品种中选出来的完全甜柿新品种。2004年，它通过湖北省农作物品种审定委员会审定。

鄂柿1号以君迁子作为砧木。在人工栽培管理的条件下，树冠较小，萌芽率在50%以上，成枝力中等，一般为3～4个枝。叶片椭圆形，叶面具不规则隆起，叶缘无锯齿，叶尖为急尖，叶基为楔形。雌雄同株，雌花较大，有少量雄花着生。雄花较小，倒钟形，一般三朵花为一花序，具单性结实能力。

在湖北省罗田县，其果实于10月上中旬成熟，自然脱涩，

平均单果重180克。阳面橙红,具蜡粉,每个果实含有0~2粒种子,果肉橙黄色,含可溶性固形物19.7%。在室温下可保脆20天左右。

该品种抗性强,耐瘠薄,可以适量发展。

栽培时,株行距以3米×5米为宜。在开花10天前疏蕾,每个果枝留2~3个花蕾。疏果在生理落果后进行,疏除病虫果及小果、畸形果与过密果,每个果枝留1~2个果即可。

(3)富 有 原产于日本岐阜。现在我国青岛、大连和杭州等地区有少量栽培。树势较健旺,树姿开张。枝条粗壮,叶大,微向上折。果大,单果重250~350克,扁圆形。果面具有4个不明显棱条,皮坚硬且光滑,橙红色,果粉厚。肉质致密,柔软多汁,香味浓,味甘甜,有极少核,品质优良。其果实一般在10月下旬采收,到11月上旬才能完全成熟。

该品种结果早,丰产性好,大小年不很明显,采收期也较长。果实最宜鲜食,耐贮藏,商品价值高。因无雄花,其单性结实力弱,需配植授粉树,或进行人工授粉。没有经过授粉的果树也能结实,但果实没有种子,易落果。对君迁子砧木不太亲和。对栽培管理技术要求严格。不抗炭疽病、癌肿病。另外,该品种枝梢多,枝有下垂性,修剪整枝时应注意。

(4)次 朗 原产于日本,现在我国河南与安徽交界的大别山区,湖北省的罗田、麻城两县,栽培最多。浙江杭州、黄岩一带,以及福建等地,也有少量栽培。树势强壮,枝梢粗大,枝条直立性强,且短而密。因其叶片色淡,嫩叶较黄,故极易与其他品种区分。果个大,平均单果重270克,果扁圆形。果面有8条纵向的凹线,其中4条略突出(从果顶到萼部)。果皮初为淡橙黄色,成熟后呈橘红色,有光泽,果粉厚,褐斑少。果肉淡黄微带红,肉质致密且脆,味极甜,柔软多汁,少核,品质上等。可与富有相媲美。有的果实顶部粗糙易开裂。果实在10月下旬至11月上旬成熟。

该品种丰产性强，可连年结果，大小年不明显。稳产性好，抗炭疽病。易裂果。无雄花，需要混栽授粉树或进行人工授粉。

（5）伊　豆　从日本晚御所的实生树与富有杂交的后代选育出的早生新品种。现在我国河南与安徽交界处的大别山区，湖北的罗田和麻城有栽培。在浙江和福建等地，也有少量栽培。树势较弱，枝梢的抽生能力也稍差。栽植距离以5米×3米为好。果个中等，平均单果重200克，果实扁圆形。果皮橙红色。肉质致密，柔软多汁，有香味，味极甜，核较少，品质上等。果实于9月下旬成熟。

该品种寿命较短，产量也低。果皮极易污染，只宜鲜食，不宜加工。无雄花，栽培时需要配植授粉树。

（6）西村早生　系日本发现的早生种。现在我国河南与安徽交界处的大别山区，湖北省的罗田与麻城等地，均有栽培。果个中等，平均单果重140克，扁圆形略平。果皮淡橙黄色，表面有两条浅果痕。果肉橙黄色，褐斑多，甜味中等，但无涩味，肉质较粗，品质一般。果实于9月中旬至10月上旬成熟。

该品种树势弱，树冠小，对炭疽病的抵抗力弱。产量中等，贮藏性一般。雌雄花同株，花粉较多，但由于雄花的着生力差，所以要引入花期一致的品种（如红柿）作为授粉树。

（7）禅寺丸　从日本引入。树冠小。果实长筒形，果顶微凹，果面橙红色，果粉较多。果肉具密集粗大的褐斑，肉质脆甜，品质中等。种子较多，为半脱涩品种。果实在10月下旬成熟，需要进行人工脱涩处理。

该品种雄花多，宜作为甜柿的授粉品种。

第三章　柿树的生物学特性

一、柿树的生长习性

（一）　根

柿树的根由主根、侧根及须根三部分组成。根系比地上部分生长晚，一般在展叶后，新梢即将枯顶时才开始生长。一年中有2～3次生长高峰期，即新梢停止生长与开花之间，花期之后和7月中旬至8月上旬等三个时期。以花期之后这一时期总生长量最大，时间最长。随着温度的降低，从10月份以后，根系逐渐停止生长。

根系生长状况因砧木品种不同而异。君迁子砧，根系分布浅，分枝力强，根系大都分布在10～40厘米深的土层里，垂直根可深达3～4米以上，水平分布常为冠幅的2～3倍。主根较弱，根毛长，生命力强，侧根和细根多而伸展性强，故较耐旱、耐贫瘠。柿砧木根系分布较深，主根发达，细根和侧根少。耐寒性弱，但较耐湿，宜在多雨的南方栽培。

柿根细胞的渗透压比较低，从生理上看较不耐旱，但由于根系深，能吸收土壤深层的水分，可弥补生理上吸水能力差的缺点。另外，柿根含鞣酸较多，受伤后不易愈合，恢复较慢，发根也较难。因此，在携带苗木时不要使根系干燥，要多保留根系，保持一定湿度。否则，会影响苗木成活率。

（二） 枝

在萌芽展叶后,枝条生长迅速。在一年当中,以春季为主。枝条延长生长持续期短,在开花前停止。但是,加粗生长时间较长,与加长生长交错期短,一年有3次加粗生长高峰。在加粗旺盛阶段,形成层分生组织活跃,此时宜芽接。枝条顶端在生长期达到一定长度后,幼尖便枯死脱落,其下的第二腋芽便代替顶芽生长。所以,柿树的枝条无真顶芽,均为假顶芽。这也是柿枝条的一个特点,称为自剪习性。柿枝条一般可分为结果母枝、结果枝、生长枝和徒长枝。因枝的种类不同和性质不同,在树体中所起作用也不同(图3-1)。

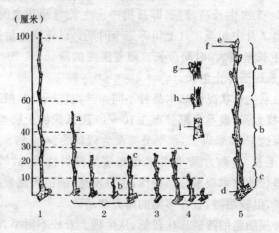

图 3-1 柿树的枝和芽

1. 徒长枝 2. 发育枝(a. 普通发育枝 b. 细弱枝 c. 发育强枝) 3. 雄花枝 4. 雌花枝 5. 各类芽着生部位[a. 上部花芽 b. 中部叶芽 c. 基部隐芽 d. 副芽 e. 假顶芽 f. 自枯点 g. 花芽(混合芽) h. 叶芽 i. 隐芽]

1. 结果母枝

结果母枝，是指抽生结果枝的二年生枝条，一般长10～25厘米，生长势中等。顶端着生1～5个混合花芽，还有叶芽，可抽生出生长枝。

2. 结 果 枝

柿树的结果枝，是指由柿树的结果母枝顶端2～3个芽萌发抽生的枝条。柿树的结果枝发育充实健壮，以中部数节开花结果为主，顶部多为叶芽。柿树易成花，进入大量结果期以后，萌发的新枝多为结果枝。

3. 生 长 枝

生长枝，由二年生枝条上的叶芽或多年生枝条受刺激后的潜伏芽(隐芽，下同)萌发而成。强壮发育枝顶部数芽，可转化为混合芽，形成结果母枝。细弱生长枝会空耗营养，互相遮荫，影响通风透光，应在修剪时予以疏除。

4. 徒 长 枝

徒长枝，由潜伏芽萌发而长出的直立向上的枝条。它生长时间长，生长量大，有的可达1米以上。对生长旺盛、发育不充实的枝条，在生长节进行摘心或短截，可使其转化为结果母枝。徒长枝是更新树冠的主要枝条，合理利用可培养成较好的结果枝组。

柿顶芽生长优势比较明显，能形成中心干，并使枝条具有层性，以幼树期最显著。幼树枝条分生角度小，枝条多直立生长，进入结果期后，大枝逐渐开张，并随着树龄的增长而逐渐弯曲下垂。背上枝易发生直立壮枝而更新下垂枝，代替原枝头向前生长，这也是树体更新的依据。经过多次更新后，大枝多呈连续弓形向前延伸生长的特点。

（三） 叶

叶是制造有机营养物质的器官。叶片生长的好坏，直接影响着树势及其果实产量。叶幕是由叶片组成的，而叶的数量、大小及在树冠中的分布，又直接影响叶幕的形成。如叶幕太厚，就会消耗营养，使有机物质积累少，影响通风透光。但叶幕太薄，又不能充分利用光能，同样影响产量。因此，应对树体进行合理修剪，以调整枝叶的比例，改善树体的结构，打开光路，充分利用光能和空间制造营养物质，从而保证树势强健，高产稳产。

（四） 芽

芽是树体各器官的过渡形式。不同性质的芽，可发育成不同性质的器官。依其性质，可分为混合花芽和叶芽两种。依其在枝上着生部位的实际情况，由上至下，在枝的顶部上的为顶芽，上部的为花芽，中部的为叶芽，下部的为潜伏芽，基部的为副芽（图3-1之5）。

一般顶芽萌生的枝条都很粗壮，顶端优势明显。叶芽萌发后抽生成生长枝，着生在枝条基部两侧，各有一个为鳞片覆盖的副芽，形大而明显，平时不萌发，当枝条折断后，萌发成旺盛的更新枝。其寿命和萌芽力强于潜伏芽。着生在枝条下部的几个潜伏芽，多年不萌发，可维持十余年之久，也是树体更新和延长树体寿命的主要器官。

二、柿树的结果习性

一般柿树嫁接后5～6年，即开始结果，10～12年后进入盛果期(实生树进入盛果期比嫁接树晚1～2年),经济寿命可达百年以上。

　　柿花与其他果树花不同,有雌花、雄花和两性花三种。在生产栽培上,多以雌性花品种为主,也有少量的雌雄花同株的品种,只有野生树具有雌雄异株的特性,生产上较少见。柿的花芽分化在6月中旬开始,可分为初分化、托叶分化、萼片分化、花瓣分化、雄蕊分化和雌蕊分化六个时期。到8月中旬达花瓣期后,处于停滞状态直至休眠。在翌年3月下旬,随着新梢的生长而继续分化。至5月份完成各分化时期后,花芽便可开花结果。

　　柿的结果母枝,是上一年生长良好、芽体饱满的春梢(长7～30厘米)。结果枝是由结果母枝顶部的花芽萌发抽生的。花多着生在结果枝第三节以上,中部花坐果率高。当结果母枝强壮时,抽生结果枝数量多,结果枝长且壮,不仅花多,坐果率高,而且果实也大。因此,结果母枝的数量与强弱,也是能否高产的重要条件之一。

　　果实的发育可分为三个时期:第一时期,幼果迅速膨大,主要是细胞数量增加,果基本定形;第二时期,果实膨大缓慢,果形无明显变化;第三时期,果实着色后到采收前,此时果实因果肉细胞吸水膨大而明显增大,果内的养分进行转化、水解与积累,鞣酸含量开始减少,糖分迅速增加。

　　柿树由隐芽萌发的新生枝及徒长枝,大多生长1～2年即可结果,立地条件好的,当年便可开花结果。新生枝不但生长势强,结果能力也强,应注意保留利用。果枝的结实力以顶花芽抽生的生长势及结实力最强,其下侧芽所生结果枝依次减弱,应尽量保留结果母枝的顶芽。在同一结果枝上,先开花的果实大,后开花的果实小,在疏花疏果时,应留早开的花和早结的果。另外,柿果柄因在成熟时不产生离层而不易采摘,故在采收时应注意避免损伤果枝。

三、柿树的生命周期

柿树从嫁接到成活为一个新的个体,从幼龄期生长到结果期,直到衰老期和更新,以至最后死亡的整个过程,为柿树的生命周期。柿树的生命周期,最长为300~400年。可分为生长期、初结果期、结果盛期和衰老期四个阶段,各阶段都有它固有的特点。

(一) 生 长 期

从嫁接芽成活时起,到幼树第一次结果,称为生长期。生长期一般为2~5年。高接树经2年左右即可结果。生长期具有根系和骨干枝营养生长最旺,新梢生长较粗壮,一年可抽生两次枝,有的地区可抽生三次枝,顶端生长势强,分枝力强,但分枝角度小,树势强健,树冠直立等特点。在此时期的生长发育,还受砧木种类、树龄及生长势强弱等条件的影响。开始结果的时间,也因砧木种类不同而不一致。

(二) 初结果期

从幼树第一次结果到盛果期,称为初结果期(生长结果期)。此时期的年限长短,与品种和栽培管理水平关系极为密切。一般从嫁接成活苗开始,到10年后才进入盛果期。初果期柿树的主要特点是:树体骨架已基本形成,而树冠继续迅速扩大。从以营养生长为主,逐渐进入以生殖生长为主。以后随着结果逐年增多,枝条角度不断开张,形成的结果枝多而粗壮,能够连年结果,果大,但产量较低。

(三)盛 果 期

从进入大量结果,到衰老以前,称为盛果期。盛果期是柿树生产经济效益最高的时期。

盛果期的长短即经济寿命的长短,取决于环境条件和栽培管理技术措施的好坏。若柿园的环境条件适宜,栽培管理技术科学合理,盛果期就会延长。否则,盛果期就会大大缩短,并很快地进入衰老期。在一般的管理情况下,能维持100~250年;若栽培管理很好,盛果期就会更长。

柿树在盛果期的特点是:树冠已形成,树势中强,树姿开张,以生殖生长为主,大枝向下弯曲,下部枝条下垂,细枝枯死,骨干延长枝与其他新枝无区别。内膛枝逐渐枯死,造成内膛空虚,结果部位外移。结果枝较短,出现交替结果的结果枝组自然更新,后期出现大枝更新芽现象。充分利用盛果期的特点,实行科学合理的栽培管理技术,是延长盛果期的有效措施之一。

(四)衰 老 期

盛果后期植株开始衰老,至全株枯死的整个过程,称为衰老期。此时期的主要特点是:树冠由完整变为不完整,树冠变小,产量下降较快,枯枝逐年增多,生长势衰弱,而隐芽的萌发力从枝梢到基部逐级丧失,最后整株枯死。

柿树上述的四个生长时期,并无明显界限,因整个生命周期受环境条件和栽培管理措施所限制。只有在适宜的环境和合理的管理条件下,才可以缩短生长期,延长盛果期,推迟衰老期,获得柿树生产的最高效益。

四、柿树对环境条件的要求

（一）温　度

　　柿树喜温暖气候,在年平均温度为9℃～23℃的地区,都有栽培。但是,柿树也相当耐寒,在年平均温度为10℃～15℃的地区,也可栽植。在冬季一般可耐短期－20℃的低温,－25℃时开始发生冻害。当年平均温度低于9℃时,柿树难以生存。该温度也是柿树生存的界限温度。

　　柿虽原产于南方,但由于北方日光充足,雨量适中,因而柿树在这里,其花量、着果率及果实品质皆高于南方。现在,我国柿树的水平分布情况大致为:在年平均温度10℃的等温线经过的地方,即东起辽宁的大连,跨海入山海关,沿长城至山西省的五台山、云中山和吕梁山,经陕西省宜川和洛川,过子午岭而达甘肃省的庆阳、天水、岷县和舟曲,绕岷山,顺岷江南下至都江堰,折向西抵小金,再向南沿大雪山和雅砻江南下,入云南后一直向南,沿元江南下至我国南界。在此分布线以北和以西的地方,由于气温多变,温度低或交通不便等多种原因,所以柿树栽培较少。

　　一般柿树的萌芽温度要求在12℃以上,枝叶生长必须在13℃以上,开花在18℃～22℃,果实发育期要求22℃～26℃的温度。当温度超过30℃时,因温度高,呼吸作用盛,光合积累相对减少,果面粗糙,品质不佳,对树体生长也不利。在成熟期以14℃～22℃时最宜。但是,不同品种之间,同一品种的不同树势、不同树龄之间,对温度的要求也有一定的差别。一般年平均温度在11℃～20℃的地方,柿树最易成花,生育期长,且品质优良,冬季无冻害,夏季无日灼,这也是柿树经济栽培的界限温度。

（二） 水

柿树根系庞大,且分布深广,吸收能力强,故较耐旱,可在水分较少的地方栽培。但过分干旱,又易引起落花落果,使树体生长受到抑制,严重影响柿的产量和品质。

柿树在新梢生长和果实发育期,需有充足的水分供应。雨水是重要的水分来源,如果雨量充足,对树体生长有利,可以不灌水。如果雨量不足,必须根据实际情况及时灌水,以满足树体生长所需的水分。夏季久旱不雨或定植不久,都要及时灌水。遇到干旱时,可结合中耕、刨树盘等农业技术措施,以减少土壤水分蒸发,增强树势,减少落果。但是,土壤含水量过多时(超过45％),会导致土壤缺氧,抑制好气性微生物活动,降低土壤肥力,也妨碍新根的形成和生长。因此,长期积水的地块,不宜栽种柿树。

空气湿度,对柿树生长发育也有一定的影响。如果阴雨过多,空气湿度大时,在花期和幼果期易引起落花落果,造成花芽分化不良,影响翌年产量。在采收期,可使果色淡,味淡,品质不佳,易烂果染病。在其他时期,易染炭疽病和早期落叶病,使枝条发育不良,树势衰弱。但空气湿度太小,对柿树生长也不利。应适当进行人工喷水,以促进树体生长,增强树势,保证果实正常发育,达到高产稳产的目的。

柿树对湿度的适应范围较广,在年降水量400～1 500毫米的地区,都可栽培。但是,以在年降水量为500～700毫米的地区,柿树生长最好。

（三）光　照

柿树喜光,在背风向阳处栽植的柿树,树势健壮,树冠丰满均衡,果实品质好,而且产量高。在同一株树上,向阳面的枝条果实多,色艳,味佳;阴面枝条的果就少,色一般。外围枝上,果多,色艳;内膛枝果少,色淡。特别是在花期若光照不足,落花落果严重,且果皮厚而粗,含糖量少,水分多,着色差,成熟也晚,但较耐贮。若光照充足,枝条发育充实,发枝力强,有机养分易积累,易形成花芽,花多且坐果率高,果实皮薄肉嫩,着色好,味甘甜,水分少,品质佳。

（四）土壤及其酸碱度

柿树对土壤的要求不太严格,不论山地、平地或沙滩地,均可生长。但栽培上以土层深厚肥沃、透气性好、保水力强、地下水位在1米以下的砂壤土或粘壤土为最佳。土层过薄而又干旱的地区,根系伸展不开,柿树易落花落果,使地上部分的生长受到抑制,易形成"小老树"。

柿树对土壤酸碱度的要求也不太严格。但是,柿树的具体生长情况,与砧木种类有关。在pH值5~8范围内,柿树均可生长,以pH值6~7的土壤,对树体生长最适宜。君迁子砧适于中性土壤,也较耐盐碱。野生柿砧木适于微酸性土,在pH值5~6.8范围内最适宜。

（五）风

柿树怕风。大风可导致树冠损坏,抑制树体生长。同时,刮风时柿叶间摩擦得厉害,果实易受损伤,影响外观及品质。但微风对生长有利,可促使树冠与周围空气交换,有利于光合作用。在栽培上,不宜将柿树种在风口处。

五、甜柿对环境条件的要求

甜柿主要分布在温暖地区。甜柿品种如在较寒冷地区栽培,常不能自然脱涩;而涩柿类品种在气温较高的地区栽培,常有自然脱涩现象。据湖北资源调查中发现,宜昌地区的宝盖柿(北方盖柿类品种)在当地可在树上自行脱涩,近于半甜柿品种。

(一) 温 度

甜柿适于温暖地区栽培。在秋季寒冷地区,脱涩不完全或不能自行脱涩,着色和风味均不佳。栽培在气温过高的地区,肉质粗,品质差。甜柿在4~11月份生长季节,温度要求在17℃以上。在果实生长期,平均温度达不到17℃以上时,果实不能自然脱涩。其中在8~11月份果实成熟期,以18℃~19℃为宜。9月份平均气温为21℃~23℃,10月份平均气温在15℃以上的地区,栽培甜柿品质优良。休眠期时,7.2℃低温要求在800~1000小时。冬季枝梢受冻害温度为-15℃,发芽期霜冻温度为-2℃。我国长江流域,是甜柿的适宜栽培区。

(二) 降 水 量

甜柿对年降水量的要求,是在1000~2000毫米之间。夏季降水量少,有利于花芽形成,落果少。在花期和幼果生长期若降水量过多,对授粉和幼果生长均不利,易引起病害发生。

（三）光　照

甜柿要求日照充足。若日照不足，枝条就会发育不充实，有机养分积累少，碳氮比下降，结果母枝难以形成，花芽分化不良，因而开花量少，坐果率低。甜柿要求4～10月份日照时数在1 400小时以上，尤其是花期和果实成熟期光照要充分。故不能在阴雨连绵地区发展甜柿。

（四）土　壤

甜柿对土壤的适应性与涩柿要求相同，以土层深厚、腐殖质多、保水力强的粘质土为好。pH值6.0～6.8的微酸性土壤最适宜。

六、柿树落花落果的原因及防止措施

（一）落花落果的原因

柿树对环境条件较为敏感，栽培管理技术不当，就易造成落花落果。柿树的生理落花落果期一般在终花期以后至7月上中旬。落花落果与品种、树势、树龄、地区、气候、肥水条件和花粉激素等有关。

1. 与品种的关系

有的品种本身生理落果较重，如绵柿为47%～77%，大磨盘约为45%，九月黄为85.7%，九月青为69.7%。这些品种在生理落果轻与重的年份里，总产量可相差数倍甚至数十倍。因此，选择栽培品种也很重要。

2. 与栽培管理的关系

在柿树生产中,常因栽培管理不当而造成大量的落花落果。如有的柿园土壤不肥沃,又多年不施肥,致使树体营养不足,树势衰弱,使花芽营养供应不上,花器形成不健全,授粉受精不良等。

3. 与气候的关系

在柿树果实生长期,因天气久旱无雨,又突降大雨,使土壤湿度变化幅度不定,从而使已长好的果实产生离层而脱落。

4. 与病虫害的关系

病虫的危害,尤其是柿蒂虫的危害所致落花落果更严重。加之花期阴雨天多,光照不足,光合效率低,影响花、果的着生;修剪过轻或不剪,枝叶重叠过密,互相遮荫,通风透光条件差,无效枝叶多,影响有机营养的运输与分配,从而导致落花落果。

(二) 防止落花落果的措施

1. 加强土肥水管理

科学合理地浇水施肥,保持土壤湿润,改善土壤理化性质,就能改善树体的营养条件,增强树势,维持树体内正常的生理活动,提高坐果率。秋季基肥要施足,在果实膨大时期,应按10∶3∶4比例追施氮、磷、钾肥。可结合喷药同时进行叶面喷肥。

2. 花期环剥

花期是树体营养消耗最多的时期,为使营养物质充足供应新器官的建造,使光合产物下运受阻,优先供给开花坐果的需要,提高坐果率,可于花期在主干或主枝上进行环剥,环剥的宽度以0.5厘米为宜。不宜太宽,宽了不易愈合。环剥后,肥水管理一定要跟上,以免起反作用。

3. 进行夏剪

在生长期内,疏去过密枝和无效枝,在迎风面多留枝,可起防风作用;在背风面少留些枝,促进通风透光,使树体各部位合理分布。保证叶果比例适当,平衡生殖生长与营养生长的关系,就可以有效地防止落花落果。

4. 花期喷赤霉素

赤霉素是生长调节剂,具有剂量低、效果显著等特点。在盛花期和幼果期,各喷一次500 ppm(ppm 为百万分率,1 升水中加500 毫克赤霉素就等于500 ppm)的赤霉素液加1％尿素,自上向下喷,使柿蒂和幼果能充分接触药液。喷施赤霉素,可以改善花和果实的营养状况,防止柿蒂与果柄发生离层,增加花和幼果对养分的吸收功能,刺激子房膨大,提高坐果率。在加1％尿素的情况下,效果更显著。

5. 喷　药

在6月上旬,喷50％敌敌畏1 000 倍液,消灭柿蒂虫。

对于防止柿树生理落花落果现象发生的问题,必须依据柿园的具体情况,采取相应的措施,才能有效地解决。

第四章　柿树的苗木繁殖

一、柿树的砧木培育

（一）砧木选择

由于大多数柿树是单性结实，不产生种子。为了保持品种特性，多采用嫁接的方法繁殖，而不同地区由于气候条件等不一致，所选用的砧木也不尽相同。

1. 君迁子

君迁子是我国北方所选用的砧木。君迁子果实小，种子多，丰产，采种容易。播种后出苗率高，且出苗整齐，生长快，如果管理得当，当年便可嫁接。君迁子砧木的根系发达，根群浅，细根多，能耐旱，耐瘠薄，与柿树嫁接亲和力强，结合部位牢固，成活率高，寿命长。

2. 实生柿

实生柿，是我国南方主要砧木。实生柿果实小，品质差，种子多。播后出苗率较低，且生长缓慢，主根发达，侧根少，为深根性砧木。耐湿，耐干旱，适于温暖多雨地区生长。

3. 油柿

油柿，在江苏省西洞庭山和浙江省杭州古荡地区作砧木用。因来自当地，故能适应当地的环境条件。根群分布浅，细根多，对柿树具有矮化作用，能提早结果，但树体寿命短。

（二）种子处理

当果实变为黑褐色，有95％的果实变软且有白霜时，即可采收。此时，种子已基本发育成熟。为保证种子有较高的出苗率，在条件允许的情况下，可适当地把采收期推迟到11月上旬。将采收的成熟果实堆集软化，搓烂后用水洗去果肉，即得到种子。把种子放在通风处阴干，贮藏于筐内或布袋内。到春季播种前，用水浸种催芽，以提高发芽率。常用方法有以下两种：

1. 冷水浸种

将种子放入缸内或桶内，加水浸泡6天左右，每天换一次水。水面要高出种子10厘米，5～6天后将种子捞出，放在阴凉通风处，稍加风干后，便可适时播种。

2. 温水浸种催芽

先将种子放入缸内，然后用40℃温水浸种1小时，充分搅拌，自然降温后再放入30℃温水中浸种24小时。捞出种子后，掺3～5倍的湿沙，摊在暖炕上，每天喷两次水，当种子有1/3露出白尖时，即可播种。此间的时间需10～15天。也可在土壤结冻前，选择地势较高，排水良好的地方，将干净的种子进行沟藏。一般沟深60～80厘米，宽60～90厘米，长度可根据种子量而定。在沟底垫10厘米厚的湿沙（沙的湿度以手握成团不滴水，松手后分成几块而不全散开为标准），然后将种子与3～5倍湿沙混合均匀后，放入沟内，厚度以40～60厘米为宜。种子放好后，上面再覆盖一层10厘米厚的湿沙，使之与原地面相平。而后在沟内插入几束草把，以利于通风。再在上面堆35厘米高的三角形土堆，沟的两侧要设排水沟，以利于排除过多的雪水。

（三）整地与播种

1. 选 地

应选背风向阳、地势平坦、土壤肥沃、灌水方便、排水良好的中性或微酸性的轻粘土或砂壤土的地块作苗圃。不宜选用连作地。

2. 整 地

选好苗圃地后，要精耕细作，结合深耕施入底肥。每667平方米（1亩）施有机肥6 500千克，同时再施入一些碳酸氢铵、过磷酸钙或复合肥。地整好后，做成长10～15米、宽1.5米的畦，1畦播4行，以便嫁接。北方干旱，宜做低畦，也可采用营养钵育苗。南方多雨，宜做高畦，按行距30～50厘米，沟深3～6厘米，进行条播。播种后，在沟上面约盖2厘米厚的土，再盖一些落叶以便保墒，防止板结。每667平方米地需种子6～7千克，可得幼苗7 000～8 000株。

3. 播 种

播种时间可分为秋播与春播。

（1）秋播 秋播的种子，可以不经过沙藏，但必须在土壤结冻前将种子播下。秋播的种子经过冬天的冻化处理，一般可在翌年春4月下旬萌芽出土，比春播种子早出苗7～10天，到秋季便可嫁接。秋播时间以掌握在11月中旬为宜。此时播种，对山地或旱地最为适宜。

（2）春播 一般在3月下旬至4月上旬播种。如果贮藏种子时温度较高，到种子露嘴时便可播种。在北方地区，为了延长苗木生长期，可采用地膜覆盖育苗或阳畦营养钵育苗，待幼苗长出2～3片真叶后，再移入苗圃地。

不论秋播还是春播，一般都采用沟播法。

(四) 砧木苗管理

1. 间苗与定苗

待柿的幼苗长出 2～3 片真叶时,按株距 10～12 厘米进行疏苗补苗。主要疏除过密苗、劣苗和病苗,两周后可再间一次苗。待苗木生长趋于稳定时,便可适时定苗。定苗后要立即灌一次小水,2～3 天后再浅耕一次。在定苗期间,如果发现缺苗,要及时补栽。以 4～5 片叶时补栽为好,最好在阴雨天或傍晚时移栽。

2. 中耕除草

由于苗圃地浇水较勤,加之降雨等原因,易造成土壤板结,从而加速了水分蒸发,使土壤水分含量减少,不利于苗木生长。因此,要适度中耕(以 3～5 厘米深为宜),中耕不仅能保墒,而且还可除去杂草。

3. 灌水施肥

幼苗生长初期和蹲苗 20 天后,要各浇一次水。一般土壤不太干时,不要浇水。如果雨水过多,则须排水。

结合浇水,可同时施肥。在行间距苗根 5～8 厘米处开沟,将肥料施入其中,然后覆土。一般每 667 平方米施 15～20 千克硫酸铵或 5～10 千克尿素,以促进苗木生长。在生长后期,可以施入一些速效磷、钾肥,以促进苗木木质化。

4. 扭梢与摘心

为了促使幼苗长粗,抑制向上生长,应在苗高 35 厘米后摘心。当苗高 60 厘米而地上粗度不足 0.6 厘米时,可在芽接前 20 天左右,摘去嫩尖或扭梢,以提高砧木苗的当年嫁接率。但是,摘心不宜过早。过早摘心易长出大量副梢,反而影响茎秆长粗。

5. 冬季防寒

由于当年生小苗的枝条较幼嫩,各组织器官发育不成熟,加之冬季长期低温又多风,易引起干旱而造成抽条或冻害。为了防止冻旱灾害,首先要加强苗期管理。在 7 月末至 8 月初,施一定量的钾肥,同时喷 10% 的草木灰浸出液或 300 倍液的磷酸二氢钾,每半个月喷一次。以促进各组织器官的成熟和有机物的转化与积累,提高其抗寒能力。还可以在秋季落叶后(11 月上旬),把离地表 30 厘米以上部分剪去,然后用湿润细土顺垄撒于苗木周围,培土厚度要高出苗干顶部大约 33 厘米以上。这样培土防寒,安全有效。

二、柿树的嫁接育苗

(一) 嫁接要求

柿树的嫁接,要求比其他果树更严格。具体的要求,一般有以下几点:

第一,由于砧木君迁子和柿树均含有丰富的鞣酸等物质,切面的蛋白质一遇空气极易氧化。因此,要求在嫁接过程中动作要快,若稍微慢一点,切面容易氧化变色,形成一层隔离膜,阻碍砧木与接穗间愈伤组织的形成和营养物质的流通,这是嫁接成活率低的原因之一。为此,嫁接时,芽接刀要锋利,尽量加快切砧、削接穗的速度,使接穗芽、切面层尽可能地减少在空气中暴露的时间,并要随时用干净的布擦掉刀片上的鞣酸等物质。

第二,嫁接一定要选择晴天,并在上午 9 时到下午 4 时嫁接。此时嫁接成活率最高。注意把接芽接在阳面。不要在阴雨天、风天或早晨露水未干时进行嫁接。

第三,要严格掌握嫁接时机。在柿树和砧木的形成层活动旺盛期,细胞分裂最快时,采取芽嫁接较为理想。一般以花期嫁接成活率最高。在河北顺平县5月上旬、河南荥阳市4月下旬进行芽接,成活率较高。

第四,接芽要采用2年生枝条基部未萌发的潜伏芽。8月份芽接可用新梢上的饱满芽。用潜伏芽时,要尽可能选择发育比较好的芽。若嫁接芽选得不好,嫁接成活率就低。在嫁接前,要先灌水施肥,以满足嫁接后树体对养分和大量水分的需求。

第五,用于嫁接的砧木苗一定要选择健壮无病的苗木,以利于培育壮苗和好苗,为以后柿树的生长,打下良好的基础。

(二)嫁接方法

柿树的嫁接方法,基本上有芽接和枝接两类。

1. 芽 接

以一个芽为接穗,插贴在砧木的皮层之内,与砧木的形成层紧密相接而后愈合,长成一棵新的植株,称为"芽接"。此法操作简便,易成活。春、夏、秋三季,在柿树皮层易剥落时均可进行。以秋季为最好,因此时砧木已达到要求的粗度,接芽发育充实,伤口易愈合。常用的芽接方法如下:

(1)双刀片方块形芽接法 这是柿树嫁接最常用的方法。不论砧木大小均可采用,嫁接技术易掌握。芽片与砧木接触面大,易成活,一人一天可接 600~800 株。双刀的制作可用削铅笔小刀两把和一块长 12 厘米、宽 1.1 厘米的木块为材料,将小刀固定在木板两侧即成(图4-1)。

在7月下旬至8月下旬开始嫁接,接穗要选用当年枝条下部已木质化变为褐色部位的芽子,用双刀片芽接刀在芽的上

下方各横压一刀,使两刀片切口恰在芽的上下各1厘米处。再用一侧的单刀在芽的左右各纵割一刀,深达木质部,芽片宽

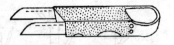

图 4-1 双刀片

1.5厘米。取下接芽含在口中,在砧木苗距地表 6 厘米光滑处,按芽片大小同样切下一块表皮,迅速将接芽片放入去皮处,使其上下和一侧对齐。如果芽片宽度大于砧木方块宽度,可切去芽片多余部分,用塑料薄膜条从对齐的一方开始,由下而上地绑缚即可(图4-2)。以接后20天解绑最适宜;解绑过早会影响成活。

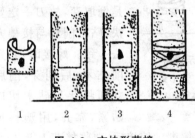

图 4-2 方块形芽接
示意图

1. 芽片　2. 砧木去皮
3. 镶芽片　4. 绑缚

（2）"T"字形芽接法　选择接穗中下部饱满芽,用芽接刀在芽上方 0.6 厘米处横切一刀,要深达木质部。再在芽下方 1.4 厘米处向上斜削一刀,直到与上面刀口相遇,便可取下盾形芽。将芽片上木质部去掉,把芽片含在口中,以防氧化。在砧木距地表 6 厘米的光滑处,切一个"T"字形切口。横切口要平,竖切口要直,长度与芽长相等,用刀尖将"T"字口拨开一条缝,插入芽片,使芽片横切口与砧木横切口对齐。再用塑料薄膜条自下而上地将切口捆严,只露出芽及叶柄即可(图4-3)。半个月后检查成活情况。

（3）带木质部芽接法　在秋季落叶后,选生长健壮、芽发育充实饱满的一年生发育枝剪下来,把剪口用石蜡封住,捆成

· 41 ·

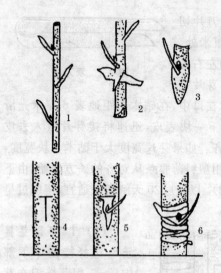

图 4-3 "T"字形芽接示意图

1. 接穗　2. 削取芽片　3. 盾形芽片　4. T字形切口　5. 接芽插入切口内　6. 绑缚

小捆，放在背阴处所挖沟内，用湿沙埋藏，到翌年春季作接穗用。削芽片时，先在饱满芽下方0.8厘米处，约成30°角向上斜切一刀，再在芽上方1厘米处斜切一刀，与下面切口相合，使接芽背部带有较薄的一层木质部。因为是倒取芽，故刀一定要快，砧木削切与接穗方法一致。嫁接时，要先削砧木，后削芽，削后立即将芽与砧木切口贴紧，靠齐，用塑料布条绑紧（图4-4）。半个月后解绑。嫁接后，要将接芽上部3～5

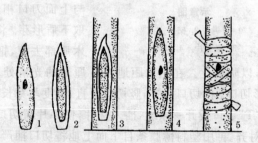

图 4-4 带木质部芽接示意图

1. 芽片正面　2. 芽片背面(带木质部)　3. 切下砧皮　4. 贴上芽片　5. 绑缚

厘米以上的砧木剪去,以促使接芽尽快萌发,生长成嫁接苗。

2. 枝 接

适于较大的砧木,以具有2～3个芽的小段枝为接穗时采用。在春季发芽前进行。枝接柿树一般接后2～3年即可结果,树冠形成较快。常用的方法有下述四种:

(1)切接法　此法适于较细砧木嫁接时采用。在适宜嫁接的部位将砧木锯断,剪、锯口要平。然后,用切接刀在砧木横切面的1/3左右的地方垂直切入,深度应稍小于接穗的大削面。再把接穗剪成有1～3个饱满芽的小段,将接穗下部一面削成长3厘米左右的大斜面,另一面削一个小马蹄形的小斜面,削面必须平。削后迅速将接穗按大斜面向里、小斜面向外的方向插入切口,使接穗形成层和砧木形成层贴紧,然后用塑料布条绑好(图4-5)。为了保湿,也可在砧木周围用报纸做一个筒,在筒里放入湿锯末,等接穗成活后再撤去纸筒。

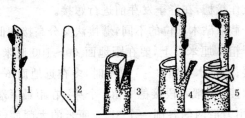

图 4-5　切接示意图

1. 削接穗　2. 切接刀　3. 接口　4. 接合　5. 绑缚

(2)腹接法　此法多用于填补植株的空间,也用于繁殖苗木。在3月下旬至4月上旬嫁接。将砧木苗距地面10厘米处剪断,选一年生生长健壮的发育枝作接穗,每段接穗留2～3个饱满芽。用刀将接穗的一侧削成1～1.5厘米的小削面,削面一定要光滑,芽上方留0.5厘米剪断。在砧木的嫁接部位,用刀斜着向下切一刀,深达砧木的1/3~1/2处,然后迅速将接穗大削面插入砧木削面里,使形成层对齐,用塑料布包严即可(图4-6)。10天后,将芽附近的塑料布破一小口,以便新芽钻出。

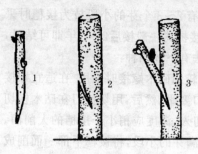

图 4-6 腹接示意图
1. 接穗 2. 砧木切口 3. 接合

由于嫁接芽未剥离木质部,其生长点还没有直接暴露在空气中,避免了因氧化变色受损。所以,此方法成活率高达95%以上。同时,由于延长了生长期,因而苗木的高度和粗度也有所增加。

(3)**劈接法** 多在砧木较粗时采用。一般选用一年生健壮的发育枝作接穗,在春季发芽前进行嫁接。

由于截取砧木部位的不同,劈接法又分高接和低接两种。若砧木干粗 6 厘米以上,要在距地面 60~100 厘米的主枝上截干嫁接;若砧木干粗 3~6 厘米时,多在近地面 6~10 厘米处截干嫁接。一般每段接穗上留3个芽。在距最下端芽的0.5厘米处,用刀沿两侧各削一个3~5厘米的大削面,使下部呈楔形;两削面应一边稍厚,一边稍薄;再用刀将砧木从横切面中间垂直劈开,劈口的深度和接穗削面长度差不多。可先插入一个小木楔,把劈口撑开,然后立即插入接穗,再轻轻撤掉木楔,用塑料布包扎好接口即可。要注意使两者的形成层对齐,让接穗削面上边露出0.3厘米,以便于接口愈合。为了保湿,嫁接完以后,对高接树可用厚纸在砧木周围做成纸筒,在筒内填满湿锯末,将接穗全部包住。对低接树,可在砧木基部培土,土堆要高于接穗 14 厘米。在接后 20 天,可打开一个口检查成活情况。待幼苗长到 10～15 厘米时,便可除去土堆或纸袋,解掉绑缚物。

(4)蜡封接穗嫁接法

①**接穗准备** 接穗最好现接现采。将新采的接穗,每 10～15 厘米长截为一段,每段留有 3～4 个芽眼。

②**蘸蜡** 将工业石蜡放在铝锅中,用电炉或煤油炉加热熔化,蜡液最适温度为 100℃～110℃。把剪好的接穗一端迅速在蜡液中浸蘸一下,随即甩去多余的蜡液,再倒转接穗,用同样方法处理好另一端。过一会后,将穗捆好,装入塑料薄膜袋内,放在冷凉处备用。对蜡液的温度要严格控制,不可过高或过低。温度过高,会烫伤接穗;温度过低,接穗蘸的蜡膜过厚,容易脱落。

③**嫁接** 其嫁接方法与腹接法相同。由于接穗经蜡封后保湿性好,可省去套塑料袋的工夫。

采用蜡封接穗方法,嫁接的柿苗成本低。1 千克工业石蜡可处理接穗 1 500 条,每条成本约 1 厘钱,大大低于套塑料袋的成本。另外,嫁接时省工,免除过多的工序。这种嫁接方法在生产中有广泛应用的价值。

(三)嫁接后的管理

1. 解绑与剪砧

在检查苗木已成活后,要及时解去捆绑物,以免影响接芽的正常生长和嫁接部位的加粗生长。为了促使接芽长得好,长得快,要适时剪砧。一般秋季芽接的树,可在翌年早春萌芽前,在接芽上方 0.3 厘米处,自接芽相反的方向,由下向上将砧木剪成 45°的平滑斜面。剪砧后,嫁接苗具有萌芽早、生长快、省工和减少营养损失等好处。

2. 苗期管理

加强肥水管理,促进柿苗生长,缩短育苗年限。为了保证柿苗正常生长,凡砧木上萌发的芽,要及时抹掉,以免影响接穗抽出枝梢的营养供给。在柿苗生长前期,抽梢较快,以施氮肥为主。一年施 5～6 次肥。第一次在春季萌芽后进行;后期为促使有机物的制造与贮存,提高抗寒能力,以施磷、钾肥为主。在白露至霜降之间,每隔10～15 天喷一次10％草木灰浸出液或磷酸二氢钾 300 倍液。在干旱情况下,每周要浇一次水。平时要勤灌小水,浇后要中耕保墒,除去杂草。

苗期的害虫,主要有红蜘蛛和柿毛虫等。在苗木较少或虫量不多时,可人工捕捉,消灭虫源。具体防治方法,可参见本书第九章"柿树的病虫害防治"中的相关内容进行。

另外,在柿树幼苗期,常因树体本身抗性差,后期肥水过大,生长停止晚,苗木组织发育不充实,体内积累养分少,树液浓度低,加之冬季低温持续时间长,使树体细胞受冻,抗寒力低等原因,而易造成春季抽条。为了防止抽条,在管理上可对幼苗采取前促后控的办法,同时在 8 月中旬以后,对秋旺枝打顶。另外,在结冻前浇一次透水,可以增加土壤水分,防止因土壤缺水、气候干燥引起的抽条。在落叶后进行一次中耕,深度为 6 厘米左右,也可减少抽条的发生。还要注意对大青叶蝉的防治,以免叶蝉在树皮上产卵时划伤树皮,破坏组织,使枝条水分蒸发,引起抽条。为了防止叶蝉的发生,还可在苗圃地周围种些花生、白薯等作物,使叶蝉无处安身,或在 10 月上旬进行树体涂白,防止叶蝉在苗木上产卵。

（四）苗木出圃

柿树起苗的时间，多安排在落叶后至封冻前。在春季解冻后发芽前起苗也可以。在北方寒冷而又多风的地区，宜在封冻前起苗。一般地区，在春季随起随栽更好。因柿苗根系较密，伤根又不易愈合，故在挖苗时，要先在距柿苗20厘米处顺垄挖一条深沟，再用锹挖土，柿苗便可用手轻轻提起。这样，挖出的柿苗伤根较少，有利于提高栽植成活率。苗木挖完后，要进行分级整理。一般对柿苗的要求是：地上部分枝条健壮，芽饱满，根系完整，须根多，断根少，无病虫；苗高1.5米以上，苗粗1厘米以上。分级后，将苗木按品种捆成捆。

起苗后，如不能秋栽或外运，可选平坦、避风、排水良好、便于操作的地点，挖沟将柿苗假植起来。沟的深度和宽度，以盛下苗木，不致受冻和风干为宜。一般沟宽1.5米，长随苗木多少而定。挖好沟后，在沟底先铺20厘米厚的湿土，再把已捆好的苗木，分品种放入沟中，用细土将捆与捆之间根部填满。盖好土后，再浇一次水，使土壤与根系密切接触，保温保湿，湿度以11％为最适宜。假植期间，应经常检查，防止栽前发芽或烂根发霉。

在同一柿园，要尽量栽植等级一致的苗木，以便管理。若柿苗需长途运输，则要对根部进行带土保护。每50棵柿苗为一捆，用湿草袋或蒲包将苗木全部包住，或包好根部，用湿锯末把根部填满，使根部保湿。再挂上标签，注明品种、数量和等级，然后将其装入麻袋。要轻拿轻放，确保安全运到栽植地点。

第五章　柿园的建立

一、园地的选择与规划

选择柿树栽植地点时,要考虑气候、市场和交通等问题,权衡利弊,因地制宜地进行规划。要充分利用广阔的山地及荒滩空地。在耕地面积宽裕的地方,可利用较差的耕地建立柿园。

(一) 确定多种经营的规模

在进行果园规划前,要进行园地调查,分析地形、地势、土壤和气候等立地条件间的差异。调查其植被生长情况,以及交通条件、劳动力等资料,以便确定多种经营的规模。因一个大柿园需要大量工作人员和资金等,为减少投资,故需要采取多种经营方式来保证经济收入。特别是早期柿园没有收入,应在园中种植蔬菜、粮食和养猪等,借以自给或部分自给粮、油、菜等生活必需品。

(二) 规划小区

为了便于管理,应根据交通、道路、林带和排灌系统等方面,来确定小区(生产作业区)的大小(面积为2.0～5.3公顷不等)。平地以长方形小区为好,有利于提高机械化操作效率。小区的长边大体要与主风方向垂直,以便于设置防风林。在山地与丘陵地,柿园小区的大小及排列,应随地形而定,长边应与等高线平行。

（三）道路设置

果园道路的设置，包括道路的布局、路面宽度及规格。道路布局要根据地形、地势、果园规模及园外交通线而定。在隔一定距离的树行中留出一条小路，以便于喷药、运果和运肥时车辆行驶。设计道路，应从长远考虑，根据预计果园全部建成后最高产量期的运输量，来规划道路规格与规模。

（四）防护林营造

设置防护林，能降低风速，减少风害，提高坐果率，减少土壤水分蒸发，增加空气湿度，调节气温、土温等，有利于改善果园生态环境。

建造防护林时，要依据当地有害风的风向、风速和地形等具体情况，正确设计林带的走向、结构、带间距离及适宜的树种组合。应选适应当地气候与土壤、抗逆性强、生长迅速、枝叶茂密、与果树无共同病虫害，并具有一定经济价值的树种，如毛白杨、大青杨、洋槐、桑、花椒和马尾松等。

（五）灌溉系统设计

灌溉系统，包括水源、灌水系统和排水系统。一个柿园靠自然降水是满足不了树体对水分需求的，因此要在建园前解决水源问题。根据对园中地下水位的测量，选适宜地点打一口机井，以供灌溉之用。在各小区之间要修水渠，渠道要有一定的防渗漏措施，以免在浇水途中渗水漏水。

如果果园地下水位高，土壤黏重或下面有不透水潜育层，都要设计排水系统。由设在小区内的积水沟流入小区边的支沟,然后汇集到总排水沟。总排水沟的末端应有出水口,以免积水多而排不出去,造成灾害。山地和丘陵果园的排水系统,由横向的等高沟与纵向的总排水沟组成。

二、柿树的栽植

(一) 栽植方式

柿树对栽植方式要求不严格,除了设计正规的柿园外,也可以采用大行距与粮食作物间作,或在田边、房前屋后零星栽植。栽植方式与密度有着密切的关系。在同样的密度下,要最大限度地利用土地、空间和光照,既要在单位面积上获得高产,又要便于果园各项管理,有利于耕作和喷药等田间操作。常见的栽植方式有以下几种:

1. 正方形栽植

正方形栽植,是株距与行距相等的栽植方式。此方式利少弊多,在生产中很少采用。

2. 长方形栽植

这是目前生产上应用最广泛的方式。植株呈长方形排列,行距大,株距小。如果密植,既可以提高单位面积产量,且行间宽,仍可保持良好的光照和通风条件,也有利于在行间间作或种植绿肥作物,有利于机械化耕作及管理。

3. 等高栽植

在山地、丘陵地栽种柿树,多栽在梯田、鱼鳞坑上,按等高线定植。梯田没修好时,也可按等高线先栽植柿树,栽时注意将凹凸地挖填平整,以后再逐步修梯田。此法应根据实际情况来确定。在地形变化复杂的梯田上,只要保持一定株距而行距可随地形而变化,不必要顺坡方向对直成行,只要求符合等高线的行能通,叫通透行。但实际上常与等高线不相称,可根据具体情况,因地制宜地调整到接近圆顺的曲线就可以了。这种方式有利于保持水土。

4. 宽窄行栽植

柿树宽窄行栽植,又称带状栽植。一般三行成一带,两窄一宽,或两宽一窄,这样连续重复栽植的方式,叫宽窄行栽植。带内的行距较近,带间行距较宽。在单位面积内定植株数相同时,此方式有利于提高带内群栽的抗逆性,如抗风、抗旱、抗日灼等。其缺点是单位面积内栽植柿树株数较少。带距是行距的3~4倍,株距按栽植成正方形或长方形的处理办法均可。宽的带距利于通风透光、机械操作和种植间作物,但带内管理不便。

(二) 栽植距离

柿树生产实践证明,在单位面积内,合理密植是增产的关键措施之一。它不仅能提高早期产量,而且能持续高产和优质,还能充分利用土地和阳光等。柿树密植时,要根据品种、土壤、地势、气候、栽植方式及整枝方式等具体情况,进行具体分析,综合权衡,确定该园的最适密度。如能进行精细管理,可计划先密后稀,在栽植前期按3米×3.5米的距离定植。过8年后,进行第一次间伐,方法是每行与邻行错开,隔一株去一株,使株行距成为6米×3.5米。再过8年后,还是隔行错开去一株,成为6米×7米的栽植距离。此后,便可不再间伐。具体方法见图5-1。

一般在平地和肥沃土壤上建园时,可以按照5米×7米或6米×8米的株行距栽植。在瘠薄土壤或山地,按5米×6

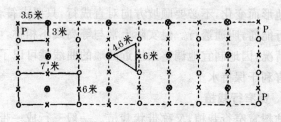

图 5-1　间伐示意图

×:第一次间伐树　⊗:第二次间伐树　O:预留树　P:授粉树

米、4 米×6 米的株距栽植。实行柿粮间作时,可按株距 6 米、行距20～30 米的距离定植。行距大,便于间作其他作物。株距不应太小,以便使间作作物能得到充足的阳光。栽植时,力求南北成行,以减少对农作物的遮荫时间,提高光能利用率。总栽植密度,要掌握山地上的密度大于平地;瘠薄地上的密度大于肥沃地;阳坡密,阴坡稀,半阴半阳坡密度要适中。在管理水平高的果园里,可适当加密。

株数的计算:正方形种植方式,株数为种植面积除以种植距离的平方。长方形种植方式和等高种植方式,株数为种植面积除以行距乘株距的积。宽窄行种植的株数,为总面积除以株距乘平均行距的积。平均行距的计算方法是,带宽加带距,除以带内的行数。

例如,正方形种植面积为1 500 平方米,株行距为 5 米×5米;长方形种植面积相同,株行距为 5 米×6 米。上述两种种植面积的种植株数为:

$$正方形种植株数 = \frac{1500}{5 \times 5} = 60(株)$$

$$长方形种植株数 = \frac{1500}{5 \times 6} = 50(株)$$

（三）栽植时期

各地柿树生产的实践证明,柿树栽植的适宜时期,为秋季落叶后及春季萌芽前。在秋季苗木出圃后即定植,有利于根系早期与土壤密切接触,恢复吸水功能。另外,对君迁子砧木来说,其根被损伤后,需要一定的积温,伤口才能愈合和发生新根,并有利于翌年春季枝叶的生长,还可省去假植手续。在北方柿产区,由于冬季寒冷,土壤失墒严重,加上地薄和低温时间长,因而最好春栽,以清明节前栽植为宜,不宜太早。各地气候条件差异较大。在北方地区,均以葡萄出土上架作为春栽的最佳时期。应选无风或阴天栽植,干燥晴天或大风天最好不栽。在黄河中下游和长江以南地区,柿树以秋栽为最好。

（四）品种选择与授粉品种的搭配

选择柿树的品种时,首先要遵循区域化与良种化的原则,选用最适于当地气候、土壤条件,并经过生产或试验鉴定出来的优良品种。只有这样,才能充分发挥品种的生产潜力,保证生产出丰产优质的商品果实。

大多数的柿树品种,不需要授粉就能结果,称为单性结实。在栽植授粉树后,有的品种未受精能结出无核果,称为刺激性单性结实。有的品种授粉后,种子中途退化而成为无籽果实,称为伪单性结实,如日本涩柿平无核和宫崎无核。上述两品种均需搭配授粉品种,才可增加产量。

因此,搭配授粉品种时,也应选当地区域化优良品种,与主栽品种要有亲和力,有大量花粉。这样,相互授粉后结实率高,品质优良。同时,授粉品种与主栽品种的花期、寿命要基本一致。在密植柿园里,每隔三行栽一行授粉品种。总之,柿园的授粉品种植株数不能少于全园柿树的1/9。

（五）定植技术

1. 确定定植点与挖坑

柿园规划设计好以后，在栽植之前，根据规划的栽植株行距，用测量绳进行测量，边测边用石灰做好定植点的标记。整个柿园测完后，便可挖坑。要将挖出的心土和表土分别放置，坑深为60～80厘米，直径为50厘米。坑挖好后，立即施入基肥，一锹表土一锹肥，拌匀后再填入坑内。施好肥后浇一次透水，使坑土下沉，待3～4天后坑土不黏时，便可栽树。如果土壤下沉处有不透水层，定植穴应穿透此层。墒情不好且没有灌溉条件时，定植穴宜小不宜大，以保墒情和提高成活率。

2. 栽植方法

在栽植前，画好定植图，以免品种混杂。把规划好的品种，绑成捆，系好标签，将健壮无病苗木运到柿园。

先将东西、南北两行用三个标杆瞄直，分三人一组，一人扶苗，一人瞄杆，一人培土。把柿苗放入坑里，稍填些土踏实，再将苗子往上轻轻提动，使根系充分伸展，与土壤接触，以利于根系生长。填土的高度，应使苗木根颈处高出地面5厘米。这样，灌水后土壤下沉，苗木根颈即与地面平齐。苗木栽好后，在定植穴外做圆形土埂，以便于浇水。待全园定植完后，立即浇水，以保证成活，把歪倒的苗木扶正培土即可。

3. 栽后管理

苗木栽植后，如果天气干旱，就要及时浇水，并进行松土保墒。在一般情况下，每20天浇一次水。在萌芽前要定干修剪，发现死苗要及时补栽。当苗木新梢长10厘米时，要每株灌10千克腐熟的人粪尿，灌完肥后立即浇水；或者每株施100克硫酸铵。此时施肥，要多次少量，且每次施肥都要结合灌水，以保证苗木正常生长所需的营养物质和水分。施肥时，以在离柿苗 30 厘米左右处，进行环状沟施为宜，沟深 10 厘米左右。同时，结合防治病虫害，保证苗木健壮生长，在展叶后每隔半个月喷一次 0.5% 的尿素液。

新栽的柿树，在北方地区应特别注意防寒。在封冻前，要浇一次封冻水，同时可用杂草捆绑树干，或设立风障，或在苗木基部培高 70 厘米的土堆，也可以采取涂白等防寒措施。9～10 月份，结合中耕除草，喷一次磷、钾肥，以增强树体的抗寒防冻能力。

第六章 柿树的土、肥、水管理

一、柿树的土壤管理

（一）间 作

柿、粮间作的园子，一般行距都较大。其间作物种类，主要是选择不与柿树生长发生矛盾的作物。不宜种高粱和玉米等高秆作物，而宜种矮秆作物或花生、大豆与芝麻等作物。在幼树期，更应充分利用土地间作。在刚定植一年的柿园中，种小麦、红薯或豆科作物均可。总之，以力求不妨碍柿树生长为原则。

（二）耕 作

耕作的目的是，保持土壤疏松，提高土壤保水能力。山地柿园要修好鱼鳞坑或梯田埂，冬季深翻，加厚活土层，使土壤有较强的保水保肥能力。有条件的柿园，可进行覆盖，以减少土壤水分蒸发，有利于保水。及时中耕除草，也是增加土壤保肥保水能力的有效措施之一。

二、柿树的肥、水管理

（一）施 肥

1. 基 肥

基肥，以采果前（约9月中下旬）施入为宜。因为采收前叶片已衰老,但尚未转红,果实接近成熟,根系还在活动,仍能吸收养分,并有利于在施肥中被切断的伤根愈合,提高树体内贮存营养的水平,增强吸收能力,促进花芽分化,为第二年的新梢生长和开花结果,积累充足的养分。基肥以有机肥为主,并注意氮、磷、钾肥的配合,施肥量应占全年施肥量的一半。

2. 追 肥

追肥,以速效肥为主,可用尿素、碳酸氢钾和腐熟人粪尿等。追肥有以下几个时期:

(1)花前追肥 在4月下旬至5月上旬进行第一次追肥。对树体生长较旺的柿园,此期可不追肥,如若追肥,量也要少,以免加重落花落果。

(2)花后追肥 此期正值幼果、新梢生长,若营养不足,幼果、新梢生长就会受到影响,造成落果。施肥量依树势强弱和结果多少而定,以氮肥为主,同时喷施一些微量元素肥。

(3)花芽分化期追肥 一般在新梢停止生长后1个月左右,即6月下旬至8月份,追施一次肥。此次追肥可促进花芽分化,有利于果实体积增大,可增加当年产量,也可保证翌年的花量,为翌年丰产稳产打下基础。应以氮肥为主,并施入适量的磷、钾肥。

3. 施 肥 量

要依据树势强弱、树龄大小和产量多少等具体情况确定施肥量。一般三至五年生柿树每株施有机肥80~100千克,并加0.2千克的硫酸铵或尿素。要少施磷肥,以免抑制柿树生长。后期追肥要以钾肥为主,以提高果品品质。因柿根细胞渗透压比较低,故以少量多次施肥为宜。一般成年柿树每株追施尿素1~2千克,幼树可不追肥。

4. 施肥方法

施肥时,应在树冠外围枝条垂直处挖环状、放射状或条状的沟,将肥料施入其中。

(1)环状沟施肥法 此法适于平地柿园采用。在树冠外围挖宽40厘米、深30厘米的环状沟施肥。

(2)放射状沟施肥法 从离树干1米以外处开始,挖4~8条沟,沟深20~30厘米,宽40厘米,长度到树冠外围60~100厘米处,沟的多少依树冠大小而定。挖沟时切勿伤着大根。

(3)条状沟施肥法 此法对较密植的平地柿园最适宜。可以在株间或行间挖深30厘米、宽40厘米的沟施肥。

上述三种施肥方法,在施肥时,可与改良土壤同时进行,施完肥后要及时灌水。还有一种叶面喷肥法,在生长期喷4~6次,特别是在花后、新梢生长期、花芽分化期等时期,结合喷药,喷施适量的氮、磷、钾肥,增产效果十分明显。

(二)灌　水

柿树喜湿润,土壤湿度保持在田间持水量的60%~80%时,最有利于柿树的生长及吸收转化等活动。若土壤水分不足时,易导致果实萎缩,枝叶萎蔫,落花落果。因此,对柿树适时灌水很重要。

1. 灌水时期

(1)花前灌水 此时若水分不足,将使柿树生长势变弱,花器发育不良,导致后期落花落果,产量下降。所以此期要适时灌水,以保证丰产。

(2)新梢生长和果实发育期灌水 此时灌水,直接影响着当年产量。如水分不足时,就会影响新梢生长和果实膨大,严重时会造成大量落果。

（3）**果实膨大期灌水**　此时柿树需水量最大，以供果实膨大。当土壤水分不足时，果实将变小，导致柿果早红软化，对产量影响极为明显。同时，也影响花芽分化及翌年产量。

（4）**果实成熟前期灌水**　此期也是一个重要的需水时期。如土壤缺水，直接影响果个和品质。若适时灌水，可增大果个，提高果实品质。此次灌水，可与秋施基肥结合进行，有利于采果后树势的恢复，增强树体抗寒能力，为翌年丰产打下良好基础。

2. 灌水量

灌水量受多种因素的影响，掌握好适宜的灌水量，对柿树根系生长和树体生长均有利。其适量的标准是浇透水，以浸湿土层 1 米左右厚，山地浸湿土层 0.8～1 米厚为宜。

3. 灌水方法

（1）**沟灌**　该方法简单，投资少，但用水量大，浪费水资源，且土壤易板结。

（2）**穴灌**　一般在缺水地区采用此方法。春季在树冠外围挖长、宽、深各 50 厘米的小穴，每株树下挖 6～10 个，每穴灌 30～40 升水。而后，在穴上盖塑料薄膜，以防水分蒸发。此法省工省水，实用方便，在北方地区尤其西北缺水地区，值得提倡。

（三）排　水

柿园积水，易造成柿树烂根和落果。柿园中规划明暗沟排水系统，可避免因涝灾造成柿园减产或柿树死亡。

第七章　柿树的整形修剪

一、柿树整形修剪的原则

整形，就是根据柿树的生长特性、当地环境条件和栽培技术，科学地培养出理想的高产树形。修剪，是在整形的基础上，人为地除去或适当处理不必要的枝条，继续培养和维持丰产树形，使之能按照人们的意愿丰产稳产。整形修剪的原则，有以下几条：

（一）因树修剪，随枝造形

这是修剪的总原则。要根据柿树的品种、树龄和树势等特性，来确定相适宜的树形及修剪方法，使之有利于柿树的生长和结果。对于各类枝所采用的修剪和处理手段，各有不同，如能随枝修剪，最有利于柿树的生长结果，也有利于维持丰产树形。

（二）长远规划，全面考虑

由于柿树寿命长，结果年限长达几百年，因此，在整形修剪时，既要着眼当前结果利益，也要顾及未来结果利益。

（三）以轻为主，轻重结合

这是幼树修剪的原则，轻重结合也适于成年树修剪。主要目的在于调节树势，合理充分利用空间，做到立体结果。

（四）平衡树势，分清主从

要注意同级骨干枝生长势均等，各层骨干枝的相对均衡。在修剪时，要依据具体情况，采取相应的修剪手段。

（五）大枝少而匀，小枝多而不密

要尽量做到大枝少而着生部位均匀，小枝多而不密。这样，才有利于构成早期丰产、稳产的树体结构，充分利用空间和光能，增加树体的有效体积。

二、柿树的主要树形

根据柿树的品种习性，常采用两种树形。层性强的品种，多采用主干疏散分层形；枝条稀疏、生长健壮的品种，宜采用自然圆头形。

（一）主干疏散分层形

大多数柿树品种，在自然生长情况下，常保持有中心干，主枝分布有明显的层次。如大盘柿和莲花柿等，可整成图7-1所示树形。

其树形特点是：干高1米左右，有中心干。主枝在中心干上分布成3～4层。第一层有主枝3～4个，第二层有主枝2～3个，第三层有主枝1～2个。树高4～6米，主枝层内距30～40厘米，层间距60～70厘米，各主枝上分布有侧枝2～3个，侧枝上分布结果枝组。各主枝要错落着生，互不干扰，各有向外延伸的空间，以利于透光通风。此树形适于密植柿园采用。

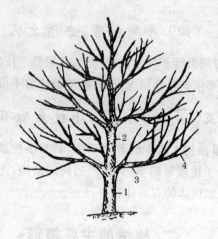

图7-1 疏散分层形柿树
1. 主干 2. 中心干 3. 主枝
4. 侧枝

（二）自然圆头形

　　中心干生长弱、分枝多而树冠开张的柿树品种,如镜面柿、八月黄、小面糊柿和小萼子等,宜选用此种树形。

　　其树形特点是:干高1～1.5米,选留3～8个主枝或12个主枝,各主枝上留2～3个侧枝,在侧枝上再培养结果枝组。该树形在开始时保留中心干,使主枝开张,以扩大树冠和增强树冠的骨架。以后,中心干要重剪,每干留30～40厘米长后剪去。到了树冠初步形成骨干枝时,就剪除中心干,以利于通风透光,促使各级骨干枝分生小枝。对内膛形成的直立枝和细弱枝,适当短剪,将其改造成有用的结果枝。如枝量多,可疏去一部分。该树形无明显层次,树冠开张,树体较矮,是一种普通的丰产树形。

三、柿树的修剪时期与修剪方法

（一）冬　剪

从秋季落叶后到春季发芽前，所进行的修剪，称为冬剪。

1. 幼树期修剪

幼树生长旺，顶端生长势强，有明显的层性，分枝角度小。修剪的主要任务是，培养好骨架，整好树形，选留好主侧枝，调整角度，平衡树势。对中心干延长枝，可适当短截，调整搭配好各类枝条的生长势及主从关系。要及时摘心，轻剪或不剪，增加枝条级次，促进分枝扩冠，促生结果母枝。与夏剪结合，培养枝组，为早结果、结好果打下基础。

定干高度，一般在1～1.5米。要适时定干，在主干上要留5～6个饱满芽，剪口芽留在迎风向，防止被风吹断。注意选好主枝方向和角度，保持枝间均衡。要少疏多截，增加枝量。要冬、夏剪结合进行。枝条生长到40厘米左右时摘心，促进二次生长，增加枝条级次。在整个修剪过程中，要尽量轻剪，以培养好各类枝条。

对枝条的处理，要根据柿树品种特性进行。如发枝力弱、枝条稀疏的品种，为了增加枝量，应以短截为主，尽量不疏枝。对发枝多的品种，要疏剪。当枝条长到30～40厘米长时摘心，以加快枝条级次的形成，促进枝条转化，并培养为结果枝组。对细弱枝要及时回缩更新，使养分集中，让枝条由弱转壮，并培养成紧凑性的结果枝组。在修剪过程中，要依据整形为主、结果为辅的原则，可灵活掌握树冠形式，但要树体结构合理，才能完成修剪任务,达到早结果、早丰产的目的。

2. 盛果期树的修剪

柿树栽植10年后,就进入盛果期。此时树体结构已形成,树势强,产量逐年上升,树冠向外扩展缓慢。随着树龄的增加,内膛隐芽开始萌发新枝,出现自然更新现象。所以,此时修剪的任务是:培养内膛小枝,防止结果部位外移,注意通风透光。要疏缩结合,更新培养小枝,保持树势,延长结果年限。

随着树龄的增长和枝条的增多,树冠内膛光照条件逐渐变差,枝条下垂,内膛小枝衰弱,结果量渐少,自枯现象严重。根据此期的特点,为了维持结果年限,常采取以短截为主、疏缩结合的方法,疏除密生枝、交叉枝、重叠枝和病枯枝等。对弱枝进行短截。营养枝长达 20～40 厘米时,可短截1/2 或 1/3,以促使发生新枝,形成结果母枝。雄花树上的细弱枝多是雄花枝,应予保留(图7-2)。对徒长枝,若有空间,则可将其培养成

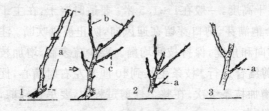

图7-2 营养枝的短截

1. 一般营养枝可剪去1/3～1/2,促生结果母枝(a. 截1/4～1/3

   b. 结果母枝   c. 营养枝,生成结果母枝下年结果)

2. 细弱营养枝易枯死,应早疏除(a. 为细弱枝)

3. 在雄花授粉树上,细弱枝多是雄花枝,应保留(a. 为细弱枝)

结果枝组,以填补空间;如无空间可疏去(图7-3)。对已结果的结果枝,可以适当短截回缩。对于连年结果和延伸的骨干延长枝、下垂衰弱枝,进行回缩更新。结果母枝过多,容易造成大小

年现象,应该将其适当疏去一些,并将留下的部分再短截1/3,让其抽生新枝作为预备结果枝,做到有计划地保留结果枝量,减少隔年结果的现象。

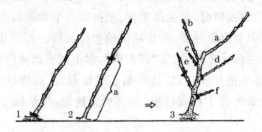

图7-3　徒长枝的处理利用

1. 徒长枝,如无空间可利用,春季萌芽就抹除。如春季、夏季都
   未处理,则冬季修剪自基部疏除

2. 徒长枝有空间可利用时,则改造培养之,冬季短截处理(a为剪
   留20～30厘米)

3. 短截后第二年抽生结果母枝a、b,留待下年抽生结果枝结果。
   e,留3～4芽短截作更新枝。c、d、f,因密生或过细弱而疏除

对盛果期树及时更新,是保持树势壮的关键。柿树结果枝寿命短,结果2～3年后便衰弱或死亡。所以,要及时更新修剪。又由于柿隐芽寿命长而萌发力又强,可进行多次更新。如能保持树势不衰,可大大延长盛果期年限。

3. 衰老期树的修剪

随着小枝和侧枝的陆续死亡,树冠内部不断光秃,骨干枝后部发出大量徒长枝,出现自然更新现象。小枝结果能力减弱,隔年结果现象严重。修剪的原则是,回缩大枝,促发更新枝更新树冠,延长结果年限,以保持一定的产量。

根据大枝先端衰弱、后部光秃的情况,而确定修剪方法。对大枝采取重回缩,回缩到5～7年生枝上,使新生枝代替大

枝原头继续延长。上部落头要重缩,以减少上部生长点,控制消耗,打开光路,为内膛新枝生长创造条件;下部修剪要轻,以保持有一定数量的结果部位,维持产量。

在回缩大枝时,应灵活掌握。全树有几个衰老的大枝就回缩几个,但要避免过重,防止后部抽生徒长枝。若不及时控制这类枝,后部易光秃,造成"树上树",起不到更新修剪的作用。对内膛抽生的徒长枝,要适时摘心或短截,压低枝位,以促分枝,形成新的骨干枝或枝组,加速更新树冠,尽早恢复树势和产量。

对内膛小枝的更新,应疏除过密的和细弱的枝,保留枝应摘心,促使其强壮,将其培养为结果枝组。这样,就可以扩大结果部位,加快营养面积的形成,维持地上和地下部分的相对平衡关系,缩短更新周期,增强树势,提高产量。

4. 放任树的修剪

多年不管、任其生长的柿树,一般表现为树体高大,骨干枝密挤,枝细下垂,枯枝多,内膛光秃、衰弱,徒长枝多,开花少,产量低,品质差。根据以上情况,要有针对性地对它逐步进行修剪改造。

在改造修剪的过程中,对大枝过多的树,要分年疏剪大枝,所留大枝要分布均匀,互不干扰。树体太高,要分年分期落头,改善下部光照条件,并促进发新枝。采取疏剪与回缩相结合的方法,适当回缩、疏除过密枝、重叠枝和下垂枝,逐步抬起主枝角度,同时进行局部更新,并分期落头,充实内膛,使树体比较快地达到主体结果。对先端已下垂的大枝,要在弯曲部位回缩,利用背上枝抬高角度,作为新枝头(图7-4)。对细弱小枝,应疏除过密枝,使养分集中,促进留下的小枝健壮生长。总之,不论大枝或小枝,在一年内疏截不宜过多,以免引起徒长,影响产量。应该注意的是,一定要分年疏截各类枝。

图7-4 下垂枝的处理

1. 修剪前由于连年结果下垂进而衰弱,甚至病枯枝大增,结果下降,需回缩
更新,使其更新抽发强壮新枝恢复结果能力(a 为病虫枯枝)
2. 修剪后的状态

(二) 夏 剪

夏剪是翌年生长期内的修剪。夏剪的目的是,促进花芽形成,改善光照条件,以利于果实的着色和增大,提高坐果率,提高品质,还可弥补冬剪的不足之处。

1. 除萌芽或疏嫩枝

树冠内膛或老枝上发生的新枝过密时,在4月下旬至5月下旬,疏去一部分嫩枝或提早抹芽,以节约养分,促进生长和结果。当树体生长趋于衰弱时,结果母枝节间变短,使其上部结果枝密集一处,可在花期疏去几个结果枝,以防止落果,提高坐果率。

2. 摘 心

幼树生长旺的徒长枝,长到30厘米左右长时,将枝条扭伤或拉伤,抑制其生长,促进花芽形成;或于6月份前后摘心。对生长旺的发育枝,在5月中旬留20厘米长后摘心,使二次枝当年即可形成花芽,成为翌年的结果母枝。如不控制引导,易使前部跑条旺长,后部光秃,影响通风透光。

3. 环 剥

在开花中期后,对较强旺的柿树进行环剥,可防落花落果,提高坐果率。具体方法是:在主干上进行环剥,可采用双半环上下错开的办法,两半环的间距为5~10厘米,环剥宽度为0.5~1厘米。宽度可视树干粗细而定。早期环剥可稍宽,晚期环剥可稍窄。但不要连年环剥,以免过度削弱树体。

四、柿树的早期丰产修剪技术

一般多采用低干矮冠、少主枝、多侧枝的伞状树形,以多疏枝、少短截、结果后快回缩和长放枝条不可多为原则。

(一)扩大树冠,增加枝叶量

在生长期内进行数次摘心,能增加幼树的枝叶量,扩大树冠,达到"树龄小,枝龄老,矮化树体,早成花"的目的。第一次摘心,在新梢长到40~50厘米时进行,在30厘米处摘心;一般摘心后8~10天,开始萌发新枝,一次能发生2~4个新枝。到7月底以后停止摘心。由于幼树生长旺盛,枝条直立,易造成树冠郁闭,使树冠内通风透光条件变差,影响早期丰产。通过拉枝能缓和树势,扩大树冠,改变枝条方向,形成丰产树体结构,促使枝条中下部芽充实饱满,有利于翌年发枝和形成果枝。对长旺枝,在8月底至9月上旬,将其先端弱芽枝段剪去,可减少养分消耗,促使下部芽发育健壮,为下一年增加枝量和花量,打下良好基础。

（二）整枝壮树，保持连年丰产

由于夏剪时采用摘心和拉枝等措施，使枝叶量增大，但无用枝多，故结果后需立即清理树冠。对树冠中下部所发生的基径为0.3厘米、长10厘米以下的弱枝，要全部疏去，以集中营养供结果母枝结果。对于结果母枝多的，可选部分枝短截作预备枝，以利于交替结果，保证连年丰产(图7-5)。

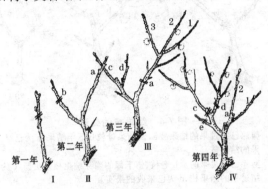

图7-5　柿树结果母枝的更新修剪

I．上年结果母枝多，可将部分结果母枝短截
Ⅱ．短截后本年抽出结果母枝a、b，冬剪时将b短截，留a下年结果
Ⅲ．b短截后，抽出新枝c、d，作下一年的结果母枝。由a抽出结果枝1、2、3，结果后在冬季留a基部2～3芽短截
Ⅳ．a抽出新枝1、2，作为下年的结果母枝；d抽出3个结果枝，结果后留基部2芽短截；c抽出2个结果枝，结果后从基部疏除；e留作结果母枝或留1芽短截

柿树鳞片下的副芽萌发力较强，在疏除过密的3～5年生枝时，留1厘米长的桩。对生长较弱的小枝，在年际交界处上方戴活帽剪(在小枝去年与今年生长交界处上方2～3芽处下剪)，促使副芽萌发壮枝。一般能长出2～5个壮枝，有的当年顶部形成花芽，成为结果母枝，翌年结果。修剪后，一定要使

树冠枝分布达到上稀下密,外稀内密,南稀北密的良好透光结构(图7-6)。在早期丰产修剪中,夏剪的好坏,是关系到能否早结果、早丰产的关键。冬剪只是辅助。另外,也要结合科学的栽培管理技术,精细地修剪,才能促进树体的早期丰产,并能够达到年年均衡结果、果个均匀的生产目标。

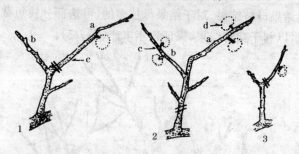

图7-6 结果枝的处理

1. 剪除已结过果的结果枝a,留结果母枝b下年结果(c为已结过果的结果枝)
2. 剪除已结过果的a、b老枝,留下部的隐芽抽生枝条更新(c为已结过果的结果枝,d为已采收的果实)
3. 留下部的纤细枝及隐芽,促抽壮枝

第八章 柿树的早期丰产
栽培技术要点

由于人们对柿树的经济价值与效益认识日趋提高,想种柿树致富的人越来越多,特别是对柿树早期丰产栽培技术的要求极为迫切。为此,本书对这方面的知识作简要介绍,以供各地柿树栽培者参考。其要点如下:

一、种植密度

为了加快柿树品种的更新换代,以适应市场经济的需要,必须把过去传统的稀植改为合理密植。对柿树的株行距,现提出两种密度供选择。一是株行距为 3 米×4 米,每 667 平方米种 55 株;二是株行距为 2 米×5 米,每 667 平方米种植 66 株。

二、苗木选择

建立柿园时,对于定植的柿树苗木,以选择生长充实、无病虫的壮苗,苗木粗 1 厘米以上为宜。

三、挖种植坑或种植沟

定植时,不论挖坑或挖沟,均为深 80 厘米,宽(直径)60厘米。在挖坑或沟时,注意将表土放在一边,底土放在另一边,以利于把表土填在坑底或沟底。

四、施　肥

栽种柿树要施足底肥,以便促使幼苗生长快而健壮。要求给每株柿树施有机肥料25千克,过磷酸钙或果树专用肥料1千克。

五、定　植

在进行柿树定植作业时,要求一人扶正苗木,一人填土。首先把柿苗放入坑内,扶正后填土,同时将苗木向上提一下或几下,使它的根系伸展开,而后填土踏实即可。待全园定植完后,立即灌足水。待水渗下、土地表面略干时,松一次土,以利于保墒。若遇干旱气候,则应及时灌水,以保证柿的苗木正常生长。

六、定植后的管理

对一至二年生的柿树,采取前期促进生长,后期控制营养生长向生殖生长转化及枝条成熟充实的措施。①生长期,每25天追一次肥。前期追施的氮、磷、钾肥,分别为0.2千克/株,0.3千克/株,0.1千克/株,中期(7月下旬)追施的氮、磷、钾肥为0.25千克/株,0.5千克/株,0.1千克/株。②盛花期喷0.2%磷酸二氢钾加0.2%硼砂液。③落叶后,株施基肥(猪粪、牛粪等)35千克加复合肥0.3千克加硫酸钾0.25千克。每次追肥和施基肥后,都要灌水。柿果采收后及越冬前,必须各灌一次水。

七、环剥技术

每年在柿树盛花期(5月下旬至6月上旬)进行环剥。在环剥之前,先将柿树主干老皮刮一下,然后进行环剥。进行时,用环剥器或刀,剥口宽0.6~0.8厘米。环剥完后,应立即内衬报纸、外用塑料薄膜包扎环剥带,并将两端扎紧,以促进形成层愈伤组织愈合,防止病虫侵入为害。

八、树盘覆草

一般在8月中旬,在柿树盘下覆草,厚度为10~20厘米。可用杂草或稻草、麦秸等作为树盘覆盖物。主要起保墒蓄水及改良土壤的作用。在夏季,能降低土壤温度,到秋季可起保温作用。

九、保　叶

保叶即保护好柿树叶片,避免病虫危害,让叶片充分利用阳光进行光合作用,制造更多的营养物质,促进花芽形成。这是早丰产稳产的关键之一。其主要措施如下:

第一,落叶后清园。主要清除柿树的病虫枝、叶,将这些病虫枝、叶集中烧掉或深埋。此措施可减少翌年柿树病虫的发生及危害。

第二,6月上旬,喷一次杀虫剂,重点防治柿绵蚧若虫及第一代柿蒂虫幼虫和卵。

第三,7月上旬,喷施1:5:400波尔多液加杀虫剂,主要防治柿树角斑病及柿蒂虫。

第四,8月上旬,根据天气变化情况,决定对柿树的喷药次数。一般在雨水少的情况下,只喷一次1∶2∶300波尔多液即可。若某些年份雨水偏多,可再喷一次。这样,基本上可防治柿树角斑病。

十、提高坐果率的措施

除了环剥可以提高柿树的坐果率以外,在柿树盛花期和幼果期喷布赤霉素50 ppm加800倍稀土液,也可以提高柿树的坐果率。

ppm浓度的简易换算公式为:

1毫升(克)药液的加水量＝1000÷所需配制药的浓度数×药剂的有效含量

举例:1克赤霉素(有效成分85％)配制50 ppm的药液,需加多少升水?

计算:加水量＝1000÷50％×85％＝17(升)

所以,1克赤霉素需加水17升,方可配制成50 ppm浓度的药液。

十一、搞好早期整形修剪

冬剪以轻剪为主,疏除过密枝。发芽前,对一年生旺枝进行刻芽,以促进萌发中、短枝。对刻芽后萌发的新梢,当其生长到30～40厘米时,进行摘心,促进萌发二次枝。到5月下旬,对刻芽枝进行环剥,环剥口宽为枝粗的1/5～1/10。6月上旬,再对旺枝进行一次拿枝。整形修剪以夏剪为主,冬剪为辅。

十二、预防抽条

柿树的抽条,实际上是一种生理干旱现象。

(一)抽条的原因

其原因有以下五点:

第一,树体弱时,由于同化能力差,入冬前树体养分积累较少,持水力弱,极容易失水。

第二,树体强旺,秋季新梢停止生长晚,枝条贮备养分少,发育也不充实,枝条木质化程度差,控水能力弱,从而易造成失水。

第三,树体主枝干受大青叶蝉产卵危害,使枝条造成大量伤口,因而易引起枝条失水或干枯。

第四,早春由于空气干燥,加之气温回升,使柿树体内水分蒸腾加快,从而造成失水。

第五,柿树抽条,多发生在幼树期,在北方地区受害严重。主要因为幼树根系浅,常处于冻土层之内。由于温度低,根系活动很弱,不能正常吸收水分或很少吸收水分,从而造成树体水分不平衡,导致枝条干枯死亡。

(二)防止抽条的措施

柿树抽条多发生在一年之中最冷的季节,或在早春气温开始回升的期间。怎样预防柿树抽条呢?针对抽条发生的原因,可以采取下列相应的措施加以预防:

第一,选择抗寒砧木。在北方柿产区,以选用君迁子作为砧木为宜。

第二,选择抗寒品种。在北方地区,应优先选择地方优良柿树品种发展,避免发展不抗寒的柿树品种。

第三,在8月份开始喷施浓度为0.2%～0.3%的磷酸二氢钾液,加15%的多效唑500倍液,每隔10天喷一次,共喷2～3次。以促进枝条早停止生长,提高木质化程度,增强持水能力。

第四,在秋季土壤管理上,要尽量少灌水,使土壤适当干旱,促进枝条木质化,以增强其越冬能力。

第五,在9月初,对旺长柿树新梢进行摘心,促使枝条发育充实,提高控水能力。

第六,涂白,在越冬前,用10%生石灰水+3千克0.5波美度石硫合剂+0.3%～0.5%食盐水混合液涂树干和大枝,以确保柿树安全越冬。

第七,喷保护膜,在抽条发生期之前喷羧甲基纤维素150倍液,每隔20天喷一次。

第八,要灌足封冻水。在土壤冻结前灌足封冻水,使树体吸足水分,减少抽条。

第九,在封冻前,采取树盘周围铺30～40厘米厚的马粪,在马粪上封一层土。待土壤化冻后,将其翻入土中。

第十,春季萌芽时,开始冬剪。在剪口处,喷多菌灵杀菌剂。

以上十条措施,是北方柿产区果农在实践中的经验总结,可供生产中参考使用。

第九章　柿树的病虫害防治

一、柿树的病害及其防治

（一）柿炭疽病

柿炭疽病分布较广,山东、河北、河南、山西、陕西、江苏、浙江和广西等地均有发生。该病主要危害果实、枝梢及苗木枝干,树叶发病较少。果实受害后变红变软,提早脱落,枝条发病严重时,往往折断枯死。

【症　　状】　果实在发病初期,出现针头大深褐色至黑褐色的斑点,逐渐扩大到 5 毫米以上时,病斑稍凹陷,近圆形,中部密生略呈环纹排列的灰黑色小粒点,即分生孢子盘。当气候潮湿时,从上面分泌出粉红色黏液状的分生孢子团。病菌侵染到皮层下,果肉形成黑硬的块结,一个果实上一般发生 1～2 个病斑,也有多达十几个的。病果提早脱落。新梢染病后最初发生黑色小圆点,后扩大成褐色椭圆形病斑,中部稍凹陷,纵裂,并产生黑色小点粒。病斑长达 10～20 毫米。病斑下面木质腐朽,所以病枝或苗木易从病斑处折断。嫩枝基部的病斑往往绕茎一周,病部以上枯死。叶片上的病斑呈不规则形,先自叶脉、叶柄处变黄,后变为黑色(图 9-1)。

【病　　原】　病原菌的分生孢子盘上聚生分生孢子梗。分生孢子梗顶端着生分生孢子。分生孢子无色,单胞,圆筒形或长椭圆形。

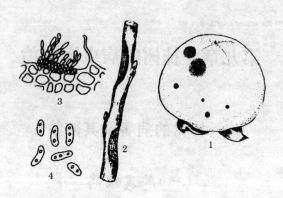

图 9-1　柿炭疽病

1. 被害果　2. 被害枝　3. 分生孢子盘　4. 分生孢子

【**发生规律**】　病菌主要以菌丝体在枝梢病斑内越冬,也可在病干果、叶痕和冬芽中过冬。翌年初夏,生出分生孢子,经风雨传播,侵染新梢及幼果。在生长季节,分生孢子可进行多次侵染。病菌可从伤口或表皮直接侵入。在北方果区,一般年份枝梢在 6 月上旬开始发病,雨季为发病盛期,后期秋梢可继续发病。果实多自 6 月下旬至 7 月上旬开始发病,直至采收期,发病重的 7 月中下旬即开始脱落。炭疽病菌喜高温高湿,夏季多雨年份发生严重。病菌发育最适温度为25℃左右,低于9℃或高于 35℃,不适于病菌的生长发育。病害发生与树势也有关系,柿树管理粗放,树势衰弱者易发病。

【**防治方法**】

①**加强栽培管理**　合理施肥,勿过多施氮肥,防止徒长。

②**清除菌源**　冬季剪除病枝,清除园内落果。在柿树生长期中,应经常剪除病枝,摘拾病果,并将其烧毁或深埋,以减少病菌传播。

③**进行苗木处理**　引种苗木时,应除去病苗或剪去病部,

并把它放在1:4:80波尔多液或20％石灰液中浸泡10分钟后再定植。

④喷洒药剂 6月上中旬喷1:5:400波尔多液。7～8月份再酌情喷1～2次。也可用65％代森锌500～700倍液，或50％多菌灵可湿性粉剂800倍液、80％炭疽福美可湿性粉剂500～600倍液、70％甲基托布津(甲基硫菌灵)可湿性粉剂1 000倍液，防病效果良好。发病严重的地区，可在发芽前加喷5波美度石硫合剂。

(二)柿角斑病

柿角斑病在我国分布很广，从华北到西北山区，从江浙到两广沿海地区，在四川、云南、贵州和台湾等省的柿产区，到处可见。此病危害柿树和君迁子的叶片和果蒂，造成早期落叶，枝条衰弱不成熟，果实提前变软和脱落，严重影响树势和产量。

【症 状】 叶片受害后，初期正面出现不规则形黄绿色病斑，边缘较模糊，斑内叶脉变为黑色。以后病斑逐渐加深成浅黑色，十余日后病斑中部褪成浅褐色。病斑扩展由于受叶脉限制，最后呈不规则多角形，大小约2～8毫米，边缘黑色，上面密生黑色小点粒，为病菌的分生孢子丛。病斑背面由淡黄色渐变为褐色或黑褐色，有黑色边缘，但不如正面明显。上面也有黑色小点粒，但较正面的细小。病斑自出现至定型约需1个月。柿蒂上的病斑，发生在蒂的四角，为褐色，边缘为黑色或不明显，形态大小不定。病斑由蒂的尖端向内扩展。蒂两面均可产生黑色小点粒，但以背面较多。病情严重时，采收前1个月大量落叶，落叶后柿子变软，相继脱落，而病蒂大多残留在枝上。枝条发育不充实，冬季容易受冻枯死。

【病　原】　分生孢子丛基部的菌丝团呈半球形或扁球形，暗绿色。其上丛生分生孢子梗，分生孢子梗为短杆状，不分枝，尖端稍细，褐色，上面着生1个分生孢子。分生孢子棍棒状，上端细，无色或淡黄色。

【发生规律】　角斑病菌以菌丝在病叶和病蒂上越冬。翌年6～7月份，在一定的雨量和温度条件下，产生新的分生孢子，成为病害初次侵染的菌源。这些越冬的病残体，一年中可以不断产生新的孢子，侵害叶片和果实，其中树上残留的病蒂是主要侵染来源和传播中心，病菌在病蒂上可以存活3年以上。因此，病蒂在角斑病侵染循环中占重要地位。病菌的分生孢子，主要借雨水传播，自叶背气孔侵入，潜育期为25～38天。雨量对角斑病的发生和流行关系很大。在河北和山东一带，该病于8月份开始发生，到9月份可造成大量落叶，以后相继发生落果。发病和落叶的迟早，与雨季早晚以及雨量的多少，有密切的关系。如5～8月份雨量大，降雨日数多，则落叶早；降雨晚、雨量较少的年份，发病晚而轻。

柿叶的抗病力因发育阶段不同而异。幼叶不易受侵染，老叶易受侵染。在同一枝条上，顶部叶不易受侵染，而下部叶易受侵染。地势低湿处栽培或周围种植高秆作物的柿树的叶片，以及内膛的叶片，由于相对湿度较高，一般发病早而严重。丘陵地栽植的柿树，发病较轻。病菌越冬量与发病轻重也有关系。树上残留病蒂多的柿树，发病早而严重。君迁子树上残留病蒂多，因而靠近君迁子的柿树发病早而严重。君迁子苗木易感病，可造成严重落叶。

【防治方法】

①清除树上的病蒂及枯枝　发芽前彻底摘除树上的病蒂，剪去枯枝，予以烧毁。此工作如做得细致、彻底，在我国北

部柿区即可避免此病成灾。

②**喷药保护**　喷药保护的关键时间,北方柿区为6月下旬至7月下旬,即落花后20～30天。可用1∶5∶400～600波尔多液喷1～2次,也可以喷洒65%代森锌可湿性粉剂500～600倍液,或其他杀菌剂(参看柿炭疽病防治用药)。防治柿炭疽病时,可以兼治。在南方果区,因温度高,雨水较多,喷药时间应稍提前。可参考当地物候期,提早10天左右,喷药2～3次。药剂选用同上。

③**加强栽培管理**　增施有机肥料,改良土壤,增强树势。对低湿果园注意排水,在柿树周围不种高秆作物,以降低果园湿度,减少发病。

（三）柿圆斑病

柿圆斑病,在我国河北、山东、河南、山西、陕西、四川和浙江等省,都有分布,华北和西北山区发生普遍。造成柿树早期落叶,柿果提早变红、变软和脱落,削弱树势,降低产量。

【**症　状**】　主要危害叶片,也侵染柿蒂。初期,叶片出现大量浅褐色圆形小病斑,边缘不清,逐渐扩大,呈圆形、深褐色,边缘黑褐色,病斑直径多数仅2～3毫米,病斑数目可达百余个甚至数百个。病叶逐渐变红,在病斑周围出现黄绿色晕环,其外围还往往出现一圈黄色晕。发病后期,在叶背可见到黑色小点粒,即病菌的子囊壳。病叶从发病到叶片变红脱落,最快只需5～7天。生长势弱的树,病叶脱落较快,强健的树落叶时叶片常不变红。由于叶片大量脱落,使柿果随即变红、变软,风味变淡,并迅速脱落。

【**病　原**】　子囊壳生于叶片表皮下,近球形,黑褐色。以后顶端突破表皮,子囊丛生于子囊壳底部,内有8个子囊孢子。

【**发生规律**】 柿圆斑病菌以子囊壳在病叶上越冬。在我国北方,子囊壳一般于翌年6月中旬至7月上旬成熟,子囊孢子大量飞散,借风力传播,由叶片气孔侵入。经过60～100天的潜育期,到8月下旬至9月上旬出现病斑,9月底病害发展最快,10月中旬以后逐渐停止。此病每年只侵染一次。在自然条件下,不产生分生孢子,所以没有再次侵染的现象。圆斑病发病的早晚和危害程度,与病害侵染期的雨量有很大关系。如6～8月份雨量偏多,则发病严重。

【**防治方法**】

①**清除菌源** 秋后彻底清扫落叶,予以集中烧毁,清除越冬菌源,即可基本控制本病的危害。

②**喷药保护** 在柿树落花后(约6月上旬),子囊孢子大量飞散以前,喷1:5:400～600波尔多液,保护叶片。一般地区,喷一次药即可;重病地区,半个月后再喷一次,基本上可以防止落叶和落果。也可以喷65%代森锌500倍液,或多菌灵、甲基托布津等药剂。

(四)柿白粉病

此病在河南东部及陕西柿产区发生普遍,往往在秋季引起叶片提早脱落,削弱树势和降低产量。

【**症　状**】 该病在夏季危害幼叶,形成近圆形的黑斑,直径为1～3毫米,背面呈淡紫色。秋季,在老叶的背面出现白粉病斑,开始有直径1～2厘米的圆斑,以后迅速蔓延,并融合成大片,有时甚至整个叶背都盖有白粉,这就是病菌的菌丝层、分生孢子梗及分生孢子。后期,在白粉层中出现许多黄色小颗粒,并逐渐变为褐色至黑色。此为病菌的闭囊壳。

【病　原】　分生孢子为倒圆锥形或乳头状，无色，单胞。闭囊壳扁球形，黄色至黑褐色，外围具有针状轮生附属丝8～23根，基部呈球形膨大。闭囊壳内生有多个卵形的子囊，每个子囊有两个子囊孢子。

【发生规律】　病菌以闭囊壳在落叶上过冬。分生孢子的寿命很短，一般只能存活 3～7 天，因此不能越冬。翌年4月份柿树萌芽时，落叶上的子囊孢子成熟释放后，经气孔侵入幼叶，然后再产生分生孢子，在当年进行多次侵染。

【防治方法】　冬季清扫落叶，予以烧毁，消灭越冬菌源。在春季展叶和春梢生长期子囊孢子大量飞散之前，喷0.2～0.3 波美度石硫合剂，并在6～7 月间喷洒1∶5∶400 波尔多液，也可喷 25％粉锈宁（三唑酮）可湿性粉剂1 500 倍液，或50％硫悬浮剂 300 倍液，40％多硫悬浮剂 800 倍液、70％甲基托布津可湿性粉剂1 000 倍液、50％苯菌灵可湿性粉剂1 500 倍液，即可控制秋季发病。在苗圃幼苗发病初期，可连喷几次0.2 波美度石硫合剂，或 45％晶体石硫合剂 300 倍液，防效较好。

（五）柿黑星病

柿黑星病，在河南和陕西发生。危害柿树的新梢和果实。在苗木上，它主要侵害幼叶和新梢，影响苗木正常生长；对大树，它可引起落叶和落果。对作砧木的君迁子，其危害也较重。

【症　状】　叶片上的病斑。为圆形或近圆形，直径为2～5 毫米，褐色。病斑边缘有明显的黑色界线，外侧还有 2～3 毫米宽的黄色晕圈。病斑背面有黑霉，即病原菌的分生孢子丛。老病斑的中部常开裂，病组织脱落后即形成穿孔。如病斑出现在中脉或侧脉上，可使叶片发生皱缩。病斑多时，病叶大量提早脱落。叶柄及当年新梢受害后,形成椭圆形或纺锤形凹陷的黑色病斑,其中新梢上的病斑较大,可达 5～10 毫米×5 毫米。最后病斑中部发生龟裂,形成小型溃疡。果实上的病斑与叶上的病斑略同,但稍凹陷。病斑直径一般为 2～3 毫米,大时可达 7 毫米。萼片被害时产生椭圆形或不规则形的黑褐色斑,大小为 3 毫米左右。

【病　原】　病菌的分生孢子梗丛生,圆柱形,极少分枝,为淡褐色。分生孢子长圆形至纺锤形,单胞,黑褐色。

【发生规律】　病菌以菌丝在病梢上病斑内越冬。残留在树上病柿蒂上的也能越冬。翌年 4～5 月份,病部产生大量的分生孢子,经风雨传播,侵入幼叶、幼果和新梢,潜育期为 7～10 天。病菌在生长期中,可以不断产生分生孢子,进行多次再侵染。6 月中旬以后,可以引起落叶,夏季高温时停止发展,至秋季又危害秋梢和新叶。君迁子最易感病。

【防治方法】　结合修剪,剪去病枝和病柿蒂,集中烧毁,以清除越冬菌源。柿树发芽前喷 1 次 5 波美度石硫合剂,或在新梢有五六片新叶时,喷布 0.3 波美度石硫合剂。防治其他病害时,也可以兼治此病。

(六)柿叶枯病

此病分布于江苏、河南、湖南、江西、浙江、云南、广东和广西等地。它主要危害叶,其次危害枝条和果实。发病重时叶片提早脱落。

【症　状】　叶片上的病斑,初期为近圆形或多角形、浓褐色斑点,后逐渐发展成为灰褐色或灰白色、边缘深褐色的较大病斑,直径为 1～2 厘米,并有轮纹。后期叶片正面病斑上生出黑色小粒点,即分生孢子盘。果实上的病斑为暗褐色,呈星状开裂,后期也生出分生孢子盘。

【病　原】　分生孢子梗集结于分生孢子盘内,无色,细短。分生孢子为倒卵形或纺锤形,孢子顶端有三根鞭毛。

【发生规律】　病菌以菌丝及分生孢子在病组织内越冬。6月份分生孢子经风雨传播,开始发病,7～9月份为盛发期。气候干旱、土壤干燥时,发病较重。病菌发育的最适温度为28℃,在10℃以下、32℃以上时停止发育。

【防治方法】　参看柿角斑病和柿圆斑病的防治方法。

(七)柿褐纹病

本病在福建省柿产区发病较重。主要危害叶片,常造成早期落叶,树势衰弱,降低产量。

【症　状】　被害叶片由叶尖及叶缘开始产生淡绿色病斑,逐渐扩展到2～3厘米。病斑轮纹状,边缘为波浪形。湿度高时,病斑上产生灰色霉层,最后叶片干枯或腐烂脱落。

【病　原】　分生孢子梗丛生,为暗褐色,顶端圆,有1～2次分枝,其上簇生分生孢子。分生孢子无色,单胞,短椭圆形,有乳头状突起。在培养基上可形成菌核。

【发生规律】　病菌以菌丝、菌核及孢子在病斑上越冬。翌年5月份开始侵染柿树新叶,6月下旬至7月上旬柿树发病最重,8～9月份即大量落叶。病菌在2℃～31℃的温度条件下均可发育,23℃左右时发育最好,在此温度下菌核形成良好。5℃以下和28℃以上时,几乎不可能形成菌核。

【防治方法】　秋季清园,烧毁枯枝落叶,减少越冬菌源。翻耕土壤,施有机肥,增强树势。排除积水,降低柿园湿度。柿树展叶时,对树上喷1∶4∶400波尔多液两次,间隔10天。或用70%甲基托布津可湿性粉剂或75%百菌清可湿性粉剂

800～1 000 倍液喷雾。

（八）柿蝇污病

柿蝇污病，是在南方柿产区于果实近成熟期发生的病害。受害果实的果面上发生黑色斑块，影响果实外观，降低商品价值。

【症　状】　果面上发生黑色小粒点，组成斑块，形状不规则。果皮、果肉不受害。果面上的黑斑能够擦去。

【病　原】　由蝇污菌所致。果面上黑点为病菌的分生孢子器。分生孢子器为球形、半球形或椭圆形，黑色，发亮。

【发生规律】　病菌在枝条上过冬，多在 6～9 月份发病。高温多雨季节或低洼潮湿的果园发病较重。

【防治方法】　合理修剪，改善果园通风透光情况。注意排水，降低园中的湿度，可减轻发病。在病害发生期，喷布 1∶4∶400 波尔多液。防治其他病害时也能兼治此病。

（九）柿煤污病

煤污病的症状是，在柿树的叶片和枝条上，布满一层黑色煤状物，影响果树的光合作用。

黑色的煤状物是由于龟蜡蚧等介壳虫发生量大时，其排出的黏液，诱发煤污病菌大量繁殖所致。此病菌在病叶、病枝上过冬。黑霉能被暴雨冲洗掉。

其防治方法是，秋季清扫落叶，予以集中沤肥或烧毁。此外，要及时防治龟蜡蚧等介壳虫类害虫。

（十）柿胴枯病

柿胴枯病，又名柿干枯病。它危害树干和枝梢。多发生于

5年以下的幼龄树。

【症　状】　病树枝干皮孔粗大，木质部有黑色花纹，韧皮部变为浅褐色。病树发芽较晚，抽梢缓慢，叶片细小，叶片与果实易脱落。重者枝条或整株死亡。

【病　原】　是一种弱寄生菌，能在死亡的寄主组织上继续生长发育。病菌孢子器近球形。分生孢子为单胞，有两种类型：一是纺锤形或长椭圆形；一是丝状形。

【发生规律】　本病是树势衰弱后，受弱寄生菌感染所致。造成树势衰弱的原因较多，如土壤条件差，肥水不足，砧木亲和性差，低温冻害，以及其他病害造成早期落叶等。树势衰弱后被病菌侵染，不易恢复。冬季低温，遇冻害果树容易死亡。

【防治方法】　加强肥水管理，增强树势，提高抗病力。发芽前喷布5波美度石硫合剂。及时防治造成早期落叶的病害。

（十一）柿白纹羽病

白纹羽病，在我国分布广泛。寄主种类多，可危害苹果、梨、桃、李、柿、板栗和葡萄等多种果树。果树染病后，树势衰弱，产量下降，重者枯死。

【症　状】　病菌危害根系。初期，细根腐烂，后逐渐扩展到侧根和主根。病根表面附有白色或灰白色丝网状物，即根状菌索。后期病根的外部组织全部坏死，有时在病根木质部结生有黑色圆形菌核。地面根颈部出现白色或灰褐色的绒布状物，即菌丝膜。有时生出小黑点，即病菌子囊壳。

【病　原】　病菌无性时期形成孢梗束及分生孢子。分生孢子卵圆形，单胞，无色。有性时期形成子囊壳，但不常见。菌核在腐朽的木质部形成，为黑色，近圆形，大小不一，直径为1毫米左右，最大的达5毫米。

【发生规律】 病菌以菌丝体、根状菌索或菌核随病根在土壤中过冬。环境条件适宜时,菌核或根状菌索长出营养菌丝,先侵害细根,以后逐渐侵害粗根。

由于病菌能侵害多种树木,凡旧林地或苗圃地改建的柿园,发病严重。远距离传播,是由带病的苗木造成的。

【防治方法】

①**加强栽培管理** 注意排水。合理施肥,氮、磷、钾肥的比例要适当,勿偏施氮肥,应适当增施钾肥,可提高抗病力。合理修剪,增强树势。

②**选用无病苗木** 建园时,应严格检验苗木,选择无病壮苗定植。当地如有此病,应用 10%硫酸铜液,或 20%石灰水,或 70%甲基托布津 500 倍液,浸苗 1 小时,然后再栽植。

③**挖沟隔离** 在病树或病区外围,挖深 1 米以上的深沟进行封锁,防止病害向四周扩大蔓延。

④**病树治疗** 将病树根部土壤扒开、仔细检查、将病根剪尽并烧毁,将大根病斑刮净,在根上和周围土壤喷布下列药剂:50%退菌特可湿性粉剂 200 倍液,70%甲基托布津 300 倍液,2%的 120 水剂 50 倍液,或 5%菌毒清水剂 50 倍液消毒,更换新土,施入有机肥然后浇水,并将有病的土壤运至园外。

(十二)细菌性根癌病

本病分布于辽宁、河北、山西、山东、河南、陕西、湖北、安徽、江苏和浙江等地。多发生在老柿园,能危害多种果树。

【症　状】 主要在根系上形成坚硬的木质瘤,其直径约 1～4 厘米,数目为一二个到十余个。苗木受害后生长缓慢,植株矮小,叶片易卷起。成年树受害后,树势衰弱,果实小,易受冻害。

【病　原】　病菌短杆形,周生14根鞭毛。

【发生规律】　病菌在癌瘤组织和土壤中越冬,靠雨水和灌溉水在土壤中传播。地下害虫的为害也能传播。病菌从伤口侵入,刺激周围细胞加速分裂而形成瘤状组织。病菌从侵入到发病,潜伏期为数周至一年。远距离传播是靠带菌的苗木。土壤湿度高,有利于病菌活动和侵染,排水不良的果园发病多。碱性土壤有利于发病,pH值6.2～8.0时适于病菌生存。

【防治方法】

①苗木出圃时,检查根部,有病瘤的予以淘汰。其他苗木也要进行消毒,将嫁接口以下的根部浸入1％的硫酸铜药液中5分钟,然后再放入2％的石灰水中浸一分钟。目前,苗木消毒防治根癌病效果最好的药剂是K84(放射土壤杆菌),用此药的3～4倍液蘸根,然后栽植。

②选无病土做苗圃,避免用老苗圃、老果园作为育苗地。

③碱性土壤应适当增施酸性肥或有机肥,以改变土壤pH值,使之不利于病菌生长。

④耕作时避免伤根,及时防治地下害虫,以免造成伤口,使病菌侵入。

(十三)柿 疯 病

柿疯病,主要发生在河北、山西及河南太行山柿产区,其他柿产区也有部分发生。柿树罹病后,生长异常,枝条直立徒长,冬季枝梢焦枯,结果少,果实畸形,提前变软脱落,重病树不结果,甚至死亡。

【病　原】　为寄生于植物输导组织内的难养细菌,即类立克次体细菌。其形态不同于一般的植物病原细菌,个体也较一般细菌小。柿疯病病因的另一说是冻害。

【症状和发生规律】

①枝条大量死亡和徒长枝大量萌发,病枝在冬、春季死亡,枝条枯死后由基部不定芽、隐芽萌生新梢,丛生徒长,形成"鸡爪枝"。重病树新梢长至 4~5 厘米长时,萎蔫死亡,新梢停止生长早,落叶约比健树早 1 周。

②病树或病枝发芽迟,展叶抽梢缓慢,现蕾晚,一般较健树晚 10 天左右。

③病树开花少,结果母枝上的结果枝和结果枝上的花数均少于健树,如健树每枝有花 5 朵,而病树仅 1~2 朵。

④病枝表皮粗糙,质脆易断。纵剖木质部,可见其上有黑色纵短条纹。6 月上旬至 7 月上旬发展较快,到 10 月上中旬已有 90% 以上枝条木质部变黑。病株叶片变为黑褐色,5 月下旬发展最快,到 8 月上旬,几乎全部叶片叶脉变黑。病叶多凹凸不平。叶大而薄,质脆。病果畸形,果面凹凸不平。柿果橘红色时,凹陷处仍为绿色。柿果变红后,凹处最后也变红,但此处果肉变硬。病果提早变软脱落,柿蒂留于枝上。

【防治方法】

①**用无病苗木建园** 建立柿园时,要选用抗病品种或利用抗病砧木育种。园内定植的柿树苗木,要选用无病的健壮苗木。

②**改善水肥条件,增强树势** 在早春发芽前和雨季,各刨一次树坪,改善土壤理化性质。春季结合刨树坪,每株环施粗肥 75~150 千克,尿素 1 千克,过磷酸钙 2.5 千克,施后浇水,覆土保墒。在花期喷布 0.2%~0.3% 硼砂液,提高坐果率。

③**合理修剪** 冬季修剪时,对过高(超过 7 米)的树落头,过多骨干枝逐年疏除,主侧枝回缩复壮,疏除干枯、细弱和下垂枝,保留健壮结果母枝,以恢复树势。对当年萌发的徒长枝,

为了节约营养,促进转化,应在 5 月底到 6 月上旬进行夏剪,无用的全部疏除,有空间的留 20～30 厘米长后进行短截,促生分枝,将其培养成结果枝组。

④**除虫防病**　对传播该病的媒介昆虫,如柿斑叶蝉和斑衣蜡蝉等,要及时防治,以免扩大传播。对造成早期落叶的多种病害,应认真防治,以保叶片完好,增强树体抗病力。

⑤**药物防治**　用抗生素防治,可在树干上打孔,深达主干直径的2/3。用吊瓶灌注青霉素或四环素溶液,降低果实畸变率。河北省果树研究所的试验表明,每株灌用青霉素 6 克,果实畸变率为20％,每株灌用 10 克,畸变率为11％。灌用四环素,每株用 6 克,畸变率为14％;每株用 10 克,畸变率为13％。不施药者一般为80％～90％,说明治疗有一定的效果。所用青霉素为每克80 万国际单位,四环素每克为25 万国际单位。每个处理分三次灌注,每次加水 500 毫升。

⑥**进行检疫**　严禁从疫区引进柿苗和接穗。疫区繁育苗木,要从无病区或健树上采取接穗。

二、柿树的虫害及其防治

(一)柿 蒂 虫

柿蒂虫,又叫柿实蛾。分布于河北、山西、山东、河南、陕西、安徽和江苏等省柿产区。幼虫在果实贴近柿蒂处为害,被蛀食的柿子早期变软和脱落。在多雨年份,常造成柿子严重减产,是危害柿果的重要害虫。

【**形态特征**】

①**成虫**　雌蛾体长约 7 毫米,翅展 15～17 毫米。雄虫体

长约 5.5 毫米,翅展14～15 毫米。体翅有金属光泽,头部黄褐色,触角丝状。胸腹和前后翅均呈紫褐色,胸部中央为黄色。前后翅均细长,缘毛较长,前翅近顶端处有一条由前缘斜向外缘的黄色斑纹。足和腹部末端均呈黄褐色,后足胫节上着生深褐色成排毛丛,静止时向身体两侧开张。

②卵　椭圆形,长 0.5 毫米,宽约 0.36 毫米,乳白色,后变为淡粉红色,表面有细小纵纹,有白色短毛。

③幼虫　初孵化时体长约0.9毫米,头部褐色,躯干部浅橙色。老熟时体长约10毫米,头部黄褐色,前胸背板及臀板为暗褐色,背面暗紫色,前三节稍淡。

④蛹　长7毫米,褐色。

⑤茧　长约8毫米,长椭圆形,污白色,并粘附有碎木屑。

【**发生规律**】　柿蒂虫每年发生2代,以老熟幼虫在树皮裂缝下结茧过冬。在河南荥阳柿产区,越冬幼虫于4月中下旬化蛹。越冬代成虫5月上旬至6月上旬出现,盛期在5月中旬。卵5月中旬至6月中旬出现。5月下旬第一代幼虫开始危害果实,6月下旬至7月上旬幼虫老熟。此代老熟幼虫一部分在被害果内,一部分在树皮裂缝下结茧化蛹。第一代成虫7月下旬羽化,盛期在7月中旬。卵7月上旬至8月上旬出现,盛期在7月中下旬。幼虫7月下旬开始为害,8月下旬为盛期,直至柿果采收。8月下旬以后,幼虫陆续老熟,脱果越冬。

柿蒂虫成虫白天静伏在叶片背面或其他部位阴暗处,夜间活动、交尾和产卵。卵多产在果梗与果蒂缝隙处、果梗上、果蒂外缘及叶芽两侧。卵散产,每头雌虫能产卵40粒左右。卵期5～7天。第一代幼虫孵化后,多自果柄蛀入果内为害,并在果蒂与果实相接之处用丝缠缀,排粪便于蛀孔外。一头幼虫危害4～6个幼果,被害果由绿色变为灰褐色,而后干枯。由于被害果有丝缀连,故不易脱落,而挂在树上。第二代幼虫一般在柿蒂下危害果肉,被害果提前变红变软,并易掉落。在多雨高湿天气,幼虫转果较多,柿子受害严重。

【防治方法】

①**刮树皮** 冬季至柿树发芽前,刮去枝干上的老粗皮,集中烧毁,可以消灭越冬幼虫。如果刮得仔细、彻底,效果显著。一次刮净,可以数年不刮,直至再长出粗皮时再刮。

②**摘虫果** 幼虫害果期,中部地区在第一代6月中下旬,第二代8月中下旬,各摘虫果2~3遍。要掌握好时间,并摘彻底,还必须将柿蒂一起摘下,消灭留在柿蒂和果柄内的幼虫,能收到良好的效果。如果第一代虫果摘得干净,可减轻第二代的危害。当年摘得彻底,可减轻翌年的虫口密度和危害。

③**在树干上绑草环** 8月中旬以前,即老熟幼虫进入树皮下越冬之前,在刮过粗皮的树干、主枝基部绑草环,可以诱集老熟幼虫,冬季时将草环解下烧毁。

④**药剂防治** 在5月中旬和7月中旬两代成虫盛期,喷90%晶体敌百虫或50%马拉硫磷乳油、50%敌敌畏乳油、30%桃小灵乳油、50%杀螟松乳油等1 000倍液,或菊酯类农药3 000倍液,每代防治1~2次,效果良好。

(二)柿 绵 蚧

柿绵蚧,又叫柿绒蚧。它分布于河北、河南、山东、山西、陕西、安徽和广西等地。若虫和成虫危害幼嫩枝条、幼叶和果实。若虫和成虫最喜群集在果实与柿蒂相接的缝隙处为害。被害处初呈黄绿色小点,逐渐扩大成黑斑,使果实提前变软、脱落,影响产量和品质。

【形态特征】

①**成虫**　雌成虫体长 1.5 毫米,宽 1 毫米,椭圆形,体暗紫红色。腹部边缘有白色弯曲的细毛状蜡质分泌物。虫体背面覆盖白色毛毡状蜡壳,长 3 毫米,宽 2 毫米。介壳前端椭圆形,背面隆起,尾部卵囊由白色絮状蜡质构成,表面有稀疏的白色蜡毛。雄成虫体长 1.2 毫米左右,紫红色,有翅一对,无色半透明。介壳椭圆形,质地与雌介壳相同。

②**卵**　长 0.25～0.3 毫米,紫红色,椭圆形。表面附有白色蜡粉及蜡丝。

③**若虫**　越冬若虫体长 0.5 毫米,紫红色,体扁平,椭圆形,体侧有成对长短不一的刺状突起(图9-2)。

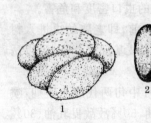

图9-2　柿绵蚧
1. 雌虫　2. 卵　3. 若虫

【发生规律】　该虫在山东一年发生 4 代,在广西一年发生 5～6 代。以被有薄层蜡粉的初龄若虫,在三四年生枝条的皮层裂缝、当年生枝条基部、树干的粗皮缝隙及干柿蒂上越冬。该虫在山东于 4 月中下旬出蛰,爬到嫩芽、新梢、叶柄和叶背等处吸食汁液。以后在柿蒂和果实表面固着为害,同时形成蜡被,逐渐长大,分化为雌雄两性。在 5 月中下旬变为成虫后交尾,雌虫体背面逐渐形成卵囊,并开始产卵。随着卵的不断产出,虫体逐渐向前方缩小。雌虫的产卵数,以寄生在果上的产卵多,可达 300 粒左右;寄生在叶上的次之;寄生枝上的较少,为 100 粒左右。卵期 12～21 天。一年中各代若虫出现盛期为:第一代在 6 月上中旬,第二代在 7 月中旬,第三代在 8

月中旬,第四代在9月中下旬。各代发生不整齐,互相交错。前两代主要危害柿叶及一二年生枝条,后两代主要危害枝果,以第三代危害最重。嫩枝被害以后,轻则形成黑斑,重则枯死。叶片被害严重时畸形,提早落叶。幼果被害后容易脱落。柿果长大以后,由绿变黄变软,虫体固着部位逐渐凹陷、木栓化,变为黑色,严重时能造成裂果,对产量、质量都有很大的不良影响。枝多、叶茂、皮薄与多汁的品种,受害重。

柿绵蚧的主要天敌,有黑缘红瓢虫和红点唇瓢虫等,对控制柿绵蚧的发生有一定作用。具体情况参见本章第三节"柿树害虫的主要天敌"。

【防治方法】 防治应抓紧前期和保护天敌两方面。

① **越冬期防治** 春季柿树发芽前,喷一次5波美度石硫合剂(加入0.3%洗衣粉可增加展着作用),或5%柴油乳剂,或95%蚧螨灵乳油100倍液,防治越冬若虫。

② **出蛰期防治** 在4月上旬至5月初,柿树展叶后至开花前,越冬虫已离开越冬部位,但还未形成蜡壳前,是防治的有利时机。使用40%乐果,或50%马拉硫磷1 000倍液,或50%乙酰甲胺磷或40%速扑杀1 500倍液,周密细致地喷雾,效果很好。如前期未控制住,可在各代若虫孵化期喷药防治。

③ **保护天敌** 当天敌发生量大时,应尽量不用广谱性农药,以免杀害黑缘红瓢虫和红点唇瓢虫等天敌。

④ **保证接穗质量** 不引用带虫接穗,有虫的苗木要消毒后再栽植。

(三)龟蜡蚧

龟蜡蚧,分布于河南、河北、山东、山西和陕西等省。此虫除危害柿树外,还危害枣、梨等果树。若虫和成虫群集枝叶上为害,造成树势弱,枝条枯死,降低产量和品质。

【形态特征】

①成虫　雌虫体椭圆形,紫红色。背覆白色蜡质介壳,背部中央隆起,表面有龟状凹纹,形似龟甲,长约 2 毫米,宽约 1.5 毫米。产卵阶段虫体呈半球形,长 2.5～3 毫米,宽 2～2.5 毫米。雄虫体长 1.3 毫米,体棕褐色,翅白色半透明。

②卵　椭圆形,长约 0.3 毫米,橙黄色至紫红色,外覆一层薄蜡粉。

③若虫　初孵化若虫椭圆形,体扁平,紫褐色,长约 0.5 毫米。若虫在叶片上固定后,背面开始出现两列白色蜡点,经 3 天蜡点连成粗条状,7～10 天虫体被蜡,周边有 15 个蜡角,如星芒状。

④蛹　仅雄虫在介壳下化蛹。蛹体梭形,棕褐色,长约 1.2 毫米,宽约 0.5 毫米(图 9-3)。

【发生规律】　一年发生 1 代,以受精雌成虫密集在一年生小枝上越冬。在河南新郑,越冬雌成虫于 3～4 月间开始取食,4 月中下旬虫体迅速增大,5 月底至 6 月初开始产卵,6 月中旬为产卵盛期,7 月中旬为产卵末期。每头雌虫产卵 1 500～2 000 粒。卵期 18 天左右。6 月中下旬开始孵化,幼虫达到相当数量时,才从母壳下爬出。6 月下旬到 7 月上旬是出壳盛期,7 月底是末期。幼虫群体出壳时间长达 40 天之久。孵化出壳期的迟早,不同年份有差异。出壳早的年份,盛期在 6 月中下旬;出壳晚的年份,盛期延迟到 7 月上中旬。不同的地势,对出壳早晚也有影响。在岗地出壳早,在低湿地出壳较迟,夏季防治时应掌握这些特点。初孵化的幼虫活动能力较强,但远距离传播主要借助风力。若虫在叶正面嫩梢上固定取食,发育至 7 月底 8 月初,可以从外形上区分雌雄性虫体。雄虫羽化盛期在

9月下旬,交尾以后死亡。雌虫为害到9月上中旬,大量从叶片上转移到小枝上继续为害,虫体逐渐增大,蜡壳增厚。11月中旬开始越冬。

龟蜡蚧的排泄物与糖蜜近似,很适合黑霉菌的生长。当其大量发生时,雨季的枝、叶和果实上布满一层黑霉,影响光合作用和果实生长。

龟蜡蚧的天敌种类较多,有寄生蜂、瓢虫和草蛉等。寄生蜂有体外寄生的龟蜡蚧长盾金小蜂,寄生在雌虫腹下,吃龟蜡蚧的卵。另有体内寄生的龟蜡蚧跳小蜂,以寄主虫体为食料。其成虫羽化后,从介壳虫背部破孔而出。瓢虫主要是红点唇瓢虫,在七八月份吃龟蜡蚧若虫。

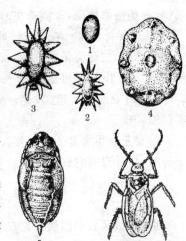

图9-3　龟蜡蚧

1.卵　2.若虫　3.雄虫蜡壳
4.雌虫　5.雄蛹　6.雄成虫

【防治方法】　根据龟蜡蚧的发生特点,防治的有利时期是雌成虫越冬期和夏季若虫前期(若虫出壳后至长满蜡壳之前)。其防治措施是采用人工与药剂防治相结合,并注意保护自然界害虫的天敌。

①越冬期防治　从冬季至翌年3月份进行。剪除有虫枝梢烧毁。对发生严重的树,可以人工刮除枝上越冬虫。在冬季雨雪天气,树枝上结冰,应及时敲打树枝,将冰凌连同虫体振落。如果龟蜡蚧发生普遍,可在11月份或发芽前喷5%柴油乳

剂(柴油能溶解蜡壳,又能杀虫),防治效果很好。

②**生长期防治**　在7月份卵孵化若虫爬出母壳后,尚未分泌蜡壳时,抗药力最弱,可喷布25%亚胺硫磷乳油400~500倍液或25%扑虱灵可湿性粉剂2 000倍液、48%乐斯本乳油2 000倍液,效果都很好。发生量大时,应在若虫出壳盛期和末期各喷一次。

③**保护利用天敌**　其主要天敌有红点唇瓢虫和龟蜡蚧跳小蜂等,应注意对它们加以保护和利用。

(四)草 履 蚧

草履蚧,又名草履硕蚧。在河南、河北、山东、山西、陕西、江苏、江西和福建等地,均有分布。此虫寄主较杂,可以危害多种果树和林木。其若虫和雌成虫,将刺吸式口器插入嫩芽和嫩枝吸食汁液,致使树势衰弱,发芽迟,叶片瘦黄,枝梢枯死。危害严重时,造成早期落叶、落果,甚至整株死亡。

【形态特征】

①**成　虫**　雌虫长约10毫米,扁椭圆形,似草鞋状,背面灰褐色,腹面黄褐色,全身覆有白色蜡粉。其触角和足为黑色,口器也为黑色。背稍隆起,腹部较肥大,有横皱褶和纵沟。雄虫体长5~6毫米,翅展约10毫米。头部及胸部为黑色,腹部为紫红色,翅为淡黑色,翅上有两条白色条纹(图9-4)。

②**卵**　黄色,椭圆形,包在白色绵状的卵囊内。

③**若　虫**　体形与雌成虫相似,个体较小,色较深。

④**蛹**　为裸蛹,呈圆筒形,长约5毫米。

【发生规律】　一年发生1代,以卵在树根颈附近的土缝中成堆越冬。靠近沟边或梯田边的柿树发生较多。卵在1~2月份孵化为若虫。一般向阳处孵化较早,有的地方12月份即有若虫出现。初孵化若虫在卵壳附近停留数日,遇气温较高的中午,部分若虫沿树干往返爬行,晚间群集树杈和树洞里。若虫出蛰上树的为害期,由于越冬场所温度不同而早晚不一,差异长达1个多月。在河南一带,其若虫一般2月上旬开始上树,2月下旬大量上树,3月下旬结束。若虫上树多集中于午前10时至午后2时,上树后多集中于嫩枝和芽旁吸取汁液。天暖时爬行活跃,天冷时静止不动。以4月份为害最烈。

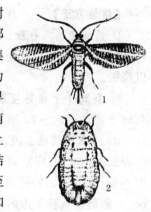

图9-4 草履蚧
1. 雄成虫 2. 雌成虫

4月上旬若虫蜕第一次皮后,虫体增大,开始分泌蜡粉,蜕第二次皮后,雌雄分化。雄若虫约于4月下旬爬到树皮缝、树洞和土缝等隐蔽处,分泌绵状白色蜡毛化蛹,5月中旬变为成虫。草履蚧雄成虫的寿命为数小时至10天。雌若虫经过第三次蜕皮后,于5月上旬变为成虫,然后仍在柿树上为害。雌成虫与雄成虫交尾以后,于5月中下旬潜入根际土缝、石缝和杂草堆中产卵。5月底至6月初雌成虫产完卵即死亡。草履蚧以卵越夏和越冬。

草履蚧的天敌,有红环瓢虫和暗红瓢虫。其幼虫与草履蚧混集在一起,取食草履蚧,其形态与草履蚧相似。幼虫老熟后,就在附近树皮上化蛹。暗红瓢虫的幼虫有一个特点,即触动其身体,即从体节处分泌出红色的液体。应注意观察,将益虫和害虫分辨清楚。这两种天敌对草履蚧有一定的控制作用。具体情况参见本章第三节"柿树害虫的主要天敌"。

【防治方法】

① **清除虫源** 在秋、冬季,结合柿树栽培管理中的翻树盘和施基肥等措施,挖除土缝中、杂草下及地堰等处的卵块,予以烧毁。

② **在树干上涂粘虫胶环** 于2月份草履蚧若虫上树前,在树干离地面60～70厘米处,先刮去一圈老粗皮,涂抹一圈10～20厘米宽的粘虫胶,若虫上树时,即被胶粘着而死。在整个若虫上树时期,应绝对保持胶的黏度,注意检查。如发现黏度不够,或上边黏的死虫太多,则应再涂一遍,一般需涂2～3次。对阻截在粘胶下边的若虫,可人工捕杀、火烧,或用50%马拉硫磷、40%乐果500倍液喷雾杀灭。

配制粘虫胶,凡黏性持久、遇低温不凝固的黏性物质,均可使用。现介绍两种:其一是利用棉油泥沥青。棉油脚提取脂肪酸后的剩余物,黏性持久,效果好,价格低廉,可以直接涂抹。其二是利用废机油。取废机油1.1千克、石油沥青1千克,先将废机油加热,然后投入石油沥青,熔化后混合均匀即可使用。也可在粘胶中掺入杀虫剂,搅拌均匀后,将其涂于树干上,或先缠上塑料膜,然后将药涂于膜上。这样做,可以直接杀死草履蚧的若虫。

③ **药剂防治** 如果若虫已经上树,可于3月下旬喷下列药液中的一种,有一定的防治效果。可用3%啶虫脒(莫比朗)乳油、菊酯类农药2 000倍液,50%马拉硫磷、40%乐果800倍液,40%速扑杀1 500倍液,喷施防治。

④ **保护天敌** 红环瓢虫和暗红瓢虫发生时,注意保护,使其发挥作用。

⑤ **烧毁虫卵** 雌虫下树产卵时,在树干基部挖松土壤,放些树叶、杂草和土块,诱集成虫产卵,然后烧毁。

（五）柿长绵蚧

此虫分布于河南、河北、山东和江苏等地。以成虫和若虫吸食柿树嫩枝、幼叶和果实的汁液，降低柿果的产量和品质。

【形态特征】

①**成虫**　雌成虫体长4～5毫米，介壳椭圆形，全身浓褐色。产卵时虫体末端有白条状卵囊，长达20～50毫米，宽4～5毫米。雄成虫体长约2毫米，灰黄色，有翅一对，翅展3.5毫米。

②**卵**　黄色，椭圆形。

③**若虫**　椭圆形，初孵化若虫为淡黄色，后变为淡褐色，半透明（图9-5）。

【发生规律】　一年发生1代，以若虫外被白色茧在枝条上和树干皮缝中过冬。在河南，于4月份出蛰，转移到嫩枝、幼叶及幼果、柿蒂上吸食汁液。被害部初为黄色，后逐渐变为褐色。此后雄虫化蛹，于4月底至5月初变为成虫，雄虫交配后死亡。雌成虫交配后转移到叶片背面为害，分泌白色绵状物，形成白色带状卵囊，产卵于其

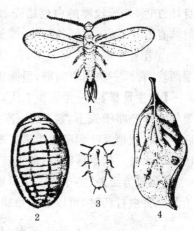

图9-5　柿长绵蚧

1. 雄成虫　2. 雌成虫　3. 若虫
4. 柿叶下的卵囊

中。每头雌虫可产卵500～1 000粒。卵期约20天。若虫孵化后爬出卵囊，在叶背沿叶脉及叶缘取食为害。10～11月间，若

虫转移到枝干的老皮裂缝中越冬。

【防治方法】 若虫越冬量大时,可于初冬或发芽前喷一次3～5波美度石硫合剂,或5%柴油乳剂,毒杀若虫。6月上中旬,若虫孵化出壳后,喷洒药剂同草履蚧。此外,要注意保护和利用天敌。

(六)角 蜡 蚧

此虫分布于河南、河北和山东等地。以成虫和若虫群集枝条上吸食汁液,造成树势衰弱。

【形态特征】

①成虫 雌虫体长6～7.5毫米,近球形,体宽大于长。身体红色,外被较厚的白色蜡壳,背面有一个大角向前突出,前端有三块蜡突,两侧各两块,端部一块。雄成虫有翅一对。

②若虫 蜡壳长椭圆形,前端无蜡突,两侧每边四块,后端两块,背面一块稍弯向前,呈圆锥形。

【发生规律】 一年发生1代,以受精雌成虫在枝上越冬。翌年6月产卵于壳下,孵化后,若虫在枝上寻找适宜处所,然后固定在枝梢及叶面吸食为害。雄虫羽化后,与雌虫交尾,交尾后即死去。秋季落叶前,雌虫转移至枝条上越冬。

【防治方法】 冬季除去虫口密度大的虫枝,烧毁。结合防治其他害虫打药时,可以兼治角蜡蚧。

(七)瘤坚大球蚧

此虫又名枣大球蚧、梨大球蚧。寄主有枣、柿、梨、核桃和槐等。以雌成虫和若虫在叶片、果实和枝干上刺吸汁液,损害树势和果品质量。

【形态特征】

①成虫 雌成虫为半球状,长8～18毫米,高14毫米,似钢盔。成熟时体背红褐色,有整齐的灰色斑纹,体背有毛绒状蜡被,产卵后虫体硬化呈黑褐色,花纹、蜡被均消失,仅留个别凹点。雄虫体长2～2.5毫米,橙黄褐色,前翅白色透明,后翅为平衡棒。交配器针状,较长。

②卵 长椭圆形。初产出时为浅黄至浅粉红色,孵化前变为紫红色,附有白色蜡粉。

③若虫 初龄若虫为浅黄白色,长椭圆形。雄虫茧为白色,绵状,蛹淡青黄色。

【发生规律】 每年发生1代,多以2龄若虫在枝干裂皮缝和叶痕处,群集越冬。翌年春季树液流动后,该虫开始活动,转到枝条上固着为害。4月下旬,虫体迅速膨大,5月份开始产卵。每头雌虫可产卵数千粒至两万粒,5月中下旬至6月份孵化。若虫爬行到叶片和果实上固定为害,到秋季再转移到枝条上固着过冬。

【防治方法】 树上喷药防治参看草履蚧的防治方法。

(八)红 蜡 蚧

此虫分布普遍,以南方发生较多。寄主广泛,有柑橘、茶、柿、李、梅、龙眼、橄榄、杧果和桑等多种果树和林木。其雌成虫和若虫寄生于枝、叶上,吸取汁液,并排泄蜜露,引起霉菌寄生,使枝叶变黑,甚至干枯,造成树势衰弱,产量降低。

【形态特征】

①成虫 雌成虫体为卵圆形,长3～4毫米,紫红色,背面向上隆起,覆厚的蜡壳,呈半球形,顶端凹陷,似脐状,在侧背面有蜡质白带4条。雄虫体长1毫米,暗红色,翅大,白色透

明。

②卵　椭圆形,淡褐色,长 0.3 毫米。

③若虫　初孵化出的若虫为扁平椭圆形,雌雄区别不明显,背面稍隆起,淡褐色,尾端有长毛两条。

④蛹　细长椭圆形,长约 1 毫米,淡黄色。

【发生规律】 一年发生 1 代,以受精雌成虫在一年生枝梢上过冬。自当年 10 月份至翌年 5 月上旬,危害较轻,排的蜜露也较少。在柑橘产区,5 月中旬开始产卵,5 月下旬至 6 月上旬是产卵盛期。卵期约 3 天。初孵化若虫爬行活跃,能借风、雨、鸟、兽和人体传播。若虫出壳不久,即到枝、叶上固定。若虫有好光的习性,一般树冠外围虫较多。若虫固定后,在虫体背面和胸部两侧分泌白色蜡质,背面呈马蹄形,侧面呈斑点状。随着虫体的增长,分泌物加厚,6～7 月份危害严重,排的蜜露也多。一般雌虫多固定在枝上,少数在叶上,雄虫多寄生于叶柄、叶背和主脉处。若虫固定后,可借苗木和接穗,远距离传播。

其天敌有红蜡蚧跳小蜂、蜡蚧小蜂、蜡蚧啮小蜂和短腹小蜂等近 10 种寄生蜂。

【防治方法】 冬季修剪时,剪除虫多的枝条及枯死枝。加强肥水管理,恢复树势。发芽前喷布 5% 柴油乳剂,杀死越冬雌成虫。如若虫孵化后上新梢为害时,可使用 40% 乐果乳油、25% 亚胺硫磷乳油 1 000 倍液,或 40% 速扑杀乳油 1 500 倍液,进行喷施防治。

天敌多时,应注意加以保护和利用。引种苗木、接穗时,要注意检疫。

（九）柿斑叶蝉

柿斑叶蝉，又名血斑小叶蝉。分布于河北、河南、山东、山西、陕西、江苏、浙江和四川等省的柿产区，发生普遍。以若虫和成虫聚集在叶片背面刺吸汁液，使叶片出现失绿斑点，严重时叶片苍白，中脉附近组织变褐，以致早期落叶。

【形态特征】

①成虫 体长3毫米左右，全身淡黄白色，头部向前呈钝圆锥形突出。前胸背板前缘有淡橘黄色斑点两个，后缘有同色横纹，小盾片基部有橘黄色"V"字形斑一个。前翅黄白色，基部、中部和端部各有一条橘红色不规则斜斑纹，翅面散生若干褐色小点。

②卵 白色，长形稍弯曲。

③若虫 共5龄。初孵若虫为淡黄白色，复眼为红褐色。随着龄期的增长，体色渐变为黄色。末龄若虫体长2.2～2.4毫米，身上有白色长刺毛。羽化前，翅芽黄色加深（图9-6）。

【发生规律】 一年发生3代，以卵在当年生枝条皮层内越冬。4月中下旬，越冬卵开始孵化，第一代若虫期近1个月。5月上中旬，越冬代成虫羽化、交尾，次日即可产卵。卵散产在叶片背面靠近叶脉处。卵期约半天，6月上中旬孵化为第二代若虫。7月上旬，第二代成虫出现。以后世代交替，常造成严重危害。柿斑叶蝉若虫孵化后，先集中在枝条基部、叶片背面中脉附近，不太活跃，长大后逐渐分散。若虫及成虫喜栖息在叶背中脉两侧吸食汁液，致使叶片呈现白色斑点。成虫和老龄若虫性情活泼，性喜横着爬行。成虫受惊动即起飞。

【防治方法】 在第一、二代若虫期防治此虫，效果良好。药剂可用20%叶蝉散乳油800倍液，或10%吡虫啉可湿性粉

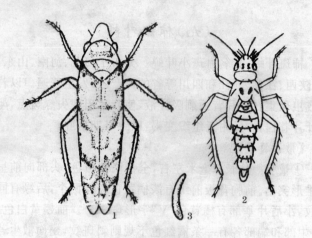

图9-6 柿斑叶蝉

1. 成虫 2. 若虫 3. 卵

剂5 000倍液、3％莫比朗乳油2 000～2 500倍液,50％敌敌畏
和50％马拉硫磷乳油1 000倍液防治。

(十) 广翅蜡蝉

广翅蜡蝉,是以成虫和若虫聚集在寄主的嫩枝和叶上刺
吸汁液,并产卵于枝条内,使枝条枯死,削弱树势。

危害柿树的广翅蜡蝉有三种:八点广翅蜡蝉、山东广翅蜡
蝉和柿广翅蜡蝉。

八点广翅蜡蝉分布较广,有河南、陕西、江苏、浙江、湖北、
湖南、四川、云南、福建、广东、广西和台湾等地。寄主种类有苹
果、桃、李、柿、枣、柑橘、板栗、桑、洋槐、棉、大豆和苎麻等。山
东广翅蜡蝉分布于山东。寄主有柿、山楂和酸枣。柿广翅蜡蝉
分布于黑龙江、山东、河南、福建、广东和台湾等地。寄主有柿、
山楂、枣、板栗和桑等。

【形态特征】

(1)八点广翅蜡蝉

①成虫　体长6～7.5毫米,翅展16～18毫米。头胸部黑褐色至烟褐色,前翅褐色至烟褐色,前缘近端部2/5处有一近圆形透明斑,斑的下方有一较大的不规则透明斑,顶角和外缘处还有三个透明斑。翅面上散布白色蜡粉。后翅黑褐色,半透明,有数个小透明斑。

②卵　乳白色,长椭圆形。

③若虫　乳白色,略呈梭形。腹部末端有白色蜡丝三条。

(2)山东广翅蜡蝉

①成虫　体长8毫米,翅展30毫米。体淡褐色,背面和前端色较深,腹面和后端略呈黄褐色。前翅淡褐色,前缘与外缘部分较深,中后部分较浅。前缘外方1/3处有一狭长的半透明斑。后翅淡烟褐色,后缘色较浅。

②卵　长椭圆形,淡黄色,微弯。

③若虫　体长6.5～7毫米,近卵圆形,头短宽,体被白色蜡粉,腹末有四束蜡丝,呈扇状排列,尾端多向上前弯,蜡丝覆于背上。

(3)柿广翅蜡蝉　成虫体长8.5～10毫米,翅展24～36毫米,体褐色,头胸背面黑褐色,头胸及前翅表面多被绿色蜡粉。前翅前缘和外缘深褐色,近中部和后缘色变淡,翅前缘近中部有一个近三角形白色斑。后翅暗黑色,半透明,边缘有灰白色蜡粉。

【发生规律】

(1)八点广翅蜡蝉　一年发生1代,以卵在枝条内越冬。在河南,翌年5～6月份孵化,若虫群集在嫩枝上为害,7月中旬羽化为成虫,7月下旬至8月份产卵。成虫寿命约1个月。

雌成虫产卵时先用产卵器刺伤枝条皮层,产卵其中,在枝上造成多数刻痕,刻痕外有棉絮状蜡丝。若虫、成虫善跳跃,腹部末端附生的白色蜡丝上翘,如孔雀开屏状。

(2)**山东广翅蜡蝉**　一年发生1代。卵在枝内越冬,翌年5月份开始孵化,7月底至8月份羽化,8月底至10月份产卵。多在直径4~5毫米枝条光滑处,产卵于木质部内,外覆白色蜡丝。

(3)**柿广翅蜡蝉**　与山东广翅蜡蝉发生期近似。

【防治方法】　冬季结合修剪,剪除广翅蜡蝉产卵的枝条,集中烧毁。在为害期喷布20%杀灭菊酯、21%灭杀毙(增效氰马乳油)3 000倍液,或参考防治柿斑叶蝉的用药,进行防治。因虫体上有蜡粉,可在药液中加入强力助剂或0.1%洗衣粉,以增加药效。防治其他害虫时,也可兼治广翅蜡蝉。

(十一)柿星尺蠖

柿星尺蠖,又叫大头虫。分布于河北、河南、山西、陕西、四川和安徽等地。幼虫大量为害柿叶,严重时可将柿叶全部吃光,使柿树不能结果,严重影响树势和产量。

【形态特征】

①**成虫**　体长25毫米左右,翅展70~75毫米,一般雄蛾较雌蛾体型小。头部黄色,复眼及触角黑褐色。前胸背面黄色,胸背有四个黑斑。前后翅均为白色,上面分布许多黑褐色斑点,以外缘部分较密。腹部金黄色,背面每节两侧各有一个灰褐色斑纹。

②**卵**　椭圆形,直径为0.8~1毫米。初产出时为翠绿色,孵化前变为黑褐色。

③**幼虫**　初孵化幼虫体长2毫米左右,漆黑色,胸部稍膨

大。老熟幼虫长达55毫米左右,头部黄褐色。躯干部第三、第四节特别膨大,其上有椭圆形的黑色眼形纹一对。躯干部背面暗褐色,两侧为黄色,并布有黑色弯曲的线纹。

④蛹 暗赤褐色,长25毫米左右。蛹的胸背前方两侧各有一个耳状突起,其间为一条横隆起线所连接;横隆起线与胸背中央纵隆起线相交成"十"字形,尾端有刺状突起(图9-7)。

【发生规律】 一年发生2代,以蛹在土块下或梯田石缝内越冬。5月下旬开始羽化,直至7月中旬为止。6月下旬到7月上旬为羽化盛期。成虫于6月上旬开始产卵,卵于6月中旬孵化。7月末至9

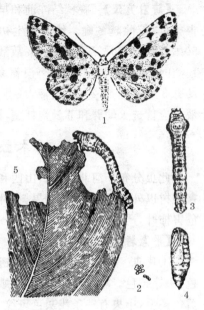

图9-7 柿星尺蠖
1.成虫 2.卵 3.幼虫 4.蛹
5.叶片被害状

月上旬第二次成虫羽化,所产卵在8月上旬孵化,9月上中旬幼虫老熟入土,至10月上旬全部化蛹。成虫白天静伏在树上、岩石和杂草丛中,以及附近的农作物上,晚间进行活动,产卵于柿叶背面,排列成块,每块有卵50粒左右。一头雌虫能产卵200~600粒。卵期约8天。初孵化幼虫在柿叶背面啃食叶肉,但不把叶片吃透。幼虫长大后分散在树冠上部及外部取食。虫口密度大时,可将树叶全部吃光,不仅影响结果,还会造成死树。幼虫老熟后,吐丝下坠,在寄主附近疏松、潮湿的土壤中或阴暗的岩石下化蛹。

【防治方法】 晚秋结冻前和早春解冻后,在树下土中、堰根等处,挖除越冬蛹。幼虫发生初期,3龄以前喷下列药剂:50%杀螟松、90%敌百虫、50%敌敌畏、50%辛硫磷、40%乐果1 000倍液,也可使用2.5%溴氰菊酯3 000倍液,或25%灭幼脲3号悬浮剂2 000倍液,或苏云金杆菌(Bt乳剂)500倍液。应首选灭幼脲和苏云金杆菌,因其对天敌安全。

(十二)木橑尺蠖

此虫分布于河北、河南、山西和陕西等省。寄主较杂,除危害柿树以外,还取食于多种果树、林木、农作物和杂草等。幼虫危害柿叶,严重时可将叶片吃光。

【形态特征】

①成虫 体长17～31毫米,翅展50～98毫米,虫体乳白色,头棕黄色。雌蛾触角丝状,雄蛾触角羽状。胸部背面有棕黄色鳞毛,中央有一条浅灰色斑纹。前后翅白色,散生大小不等的灰色或橙色斑点。前翅基部有一块大圆形橙色斑,近外缘有一排橙色及深褐色圆斑。

②卵 椭圆形,长0.7毫米,翠绿色,孵化前变黑。

③幼虫 老熟幼虫体长约70毫米,体灰褐色或绿色,随寄主枝干颜色而有变化,体上散有灰色斑点。头部密布乳白色及褐色泡沫状突起,头顶左右呈圆锥状突起,前胸背面有两个角状突起。

④蛹 黑褐色,长30～32毫米,宽8～9毫米,颅顶两侧具明显的齿状突起。

【发生规律】 一年发生1代,以蛹在树下土中、石块下或杂草丛中过冬。6～8月份陆续羽化,7月中下旬为羽化盛期。成虫白天静伏于树叶、树干、草地或石块上,夜间活动、交尾、产卵。卵产在树皮缝内,卵块状,被以雌蛾尾端鳞毛。每头雌虫产卵约2 000粒。卵经9～11天孵化为幼虫。初孵出的幼虫爬到近处叶上为害,2龄以后分散取食。幼虫个体活动期为40天。但由于成虫发生期不整齐,因此幼虫为害期间很长,从7～10月份,危害性很大。

【防治方法】 木橑尺蠖的防治方法同柿星尺蠖。

(十三)大 蓑 蛾

此虫分布于河北、河南、山东、山西、陕西、湖北、湖南、江西、安徽、江苏、浙江、四川、云南、广东、广西和福建等地。食性很杂,能危害多种果树和林木。

【形态特征】

①成虫 雌虫无翅,蛆状,体长23毫米左右。头很小,黄褐色。胸腹部黄白色,多绒毛。腹部末节有一个褐色圈。雄虫有翅,体长15～17毫米,翅展26～33毫米,体黑褐色,触角羽状,前后翅均为褐色,前翅有几个透明斑。

②卵 椭圆形,淡黄色。

③幼虫 共5龄。成长幼虫体长25～40毫米。雌虫头部赤褐色。雄虫黄褐色,头顶两侧有几条明显的黑褐色纵条纹。胸部背板中央有纵沟两条,胸足三对,较发达,腹足退化。

④蛹 长约30毫米,雌蛹赤褐色,雄蛹暗褐色。

⑤护囊 成长的幼虫护囊长达40～60毫米,囊外附有较大的碎叶片,有时附有少数枝梗(图9-8)。

【发生规律】 一般一年发生1代。在广州,该虫一年发生2代,以老熟幼虫在袋内过冬。翌年不再转移取食。在河南,老

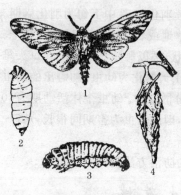

图9-8 大蓑蛾
1. 雄成虫　2. 雌成虫　3. 幼虫
4. 护囊

熟幼虫在5月上中旬化蛹，5月下旬羽化。雄蛾羽化后飞到雌虫袋上，将尾部从袋下端开口处插入与雌成虫交配。雌成虫产卵于袋内，6月中旬孵化。幼虫爬出袋外，群集叶面取食，不久即吐丝做袋，隐蔽其中，取食时将头伸出。为害严重时，可把叶片吃光，再负袋转移。老熟幼虫于9月份以后吐丝下垂，寻找枝条，或在原来枝条上吐丝，将袋缠于枝上过冬。

　　大蓑蛾成虫多在夜间羽化。雄蛾有趋光性，故在晚上8～9时以灯光诱蛾最宜。每头雌虫产卵2000多粒。雌虫能孤雌生殖，但产卵量较少，卵能正常孵化并成活。

【防治方法】

　　①清除虫源，保护天敌　秋季落叶后至翌年发芽前，彻底摘除挂在枝上的虫袋，予以烧毁。检查虫体内有寄生蜂等天敌时，将虫袋集中放于纱笼内，使寄生蜂飞至田间，继续消灭害虫。

　　②喷洒药剂　在幼虫孵化完毕后，于幼龄期喷25%灭幼脲3号悬浮剂2000倍液，或细菌性杀虫剂苏云金杆菌500倍液，也可使用90%晶体敌百虫、50%敌敌畏、50%马拉硫磷1000倍液，如果幼虫龄期较大，可适当提高药液浓度。但药液浓度不能过高，以免产生药害。

（十四）舞毒蛾

舞毒蛾，又叫柿毛虫。分布于黑龙江、辽宁、河北、山东、河南、山西、陕西和新疆等地。舞毒蛾食性杂，可危害多种果树，以幼虫咬食叶片，使树势衰弱。

【形态特征】

① 成虫　雌蛾体长25～30毫米，翅展80余毫米。虫体淡黄色。前翅黄白色，上布褐色深浅不一的斑纹，前后翅外缘均有七个深褐色斑点。腹部粗大，末端密生黄褐色绒毛。雄蛾体长约20毫米，翅展50毫米左右，体翅暗褐色，前翅有黑褐色波状纹，外缘颜色较深，翅中央有一个黑点。

② 卵　球形，灰褐色，有光泽，直径为0.9毫米，卵块上常有数百粒卵，其上覆盖较厚的淡黄褐色绒毛。

③ 幼虫　初孵化时体长约2毫米，淡黄褐色，后变为暗褐色。老熟幼虫体长约60毫米，头部黄褐色，正面有"八"字形黑纹。全体灰褐色，每个体节上有6～8个瘤状突起，背面前段有五对蓝色毛瘤，后段有六对红色毛瘤，每个毛瘤上都有棕黑色毛，身体两侧的毛较长。

④ 蛹　体长20毫米，纺锤形，黑褐色。体节上生有黄色短毛(图9-9)。

【发生规律】　每年发生1代，以卵块在树干缝隙或梯田堰缝、石块下过冬。此虫在山区发生较多，平原发生较少。在华北，约于4月下旬柿树发芽时开始孵化，向阳面较背阴面孵化早。初孵化幼虫群集叶背，白天静止不动，夜间取食。幼虫受惊则吐丝下垂，借风力传播和扩散，俗称"秋千毛虫"。从第二龄开始，幼虫白天下树，在树皮缝或树下土缝、石缝中隐藏。傍晚时成群上树取食，天亮时又爬回树下隐蔽。成长的幼虫有

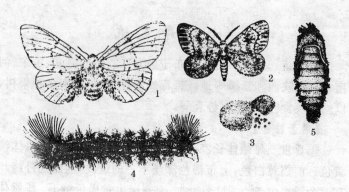

图 9-9 舞毒蛾

1. 雌成虫 2. 雄成虫 3. 卵 4. 幼虫 5. 蛹

较大的迁移力。幼虫在5月间危害最重,6月上中旬老熟,爬至树下杂草丛中及其他隐蔽场所化蛹。成虫羽化期为6月中旬至7月上旬,6月下旬最盛。成虫羽化后多在离地面0.3米左右的梯田地堰缝中交尾产卵。雌虫不甚活动,雄成虫活泼,白天在园内翩跹飞舞,故有"舞毒蛾"之称。成虫有较强的趋光性。

【防治方法】

①捕杀成虫,收集卵块 在成虫羽化盛期,用黑光灯诱杀,或在树干附近、地堰缝处搜杀成虫。秋、冬季,结合冬耕修堰,收集卵块,将卵块放于笼内,笼置于水盆中,使寄生蜂羽化后飞回果园,而害虫则闷死笼内。

②诱杀幼虫 利用幼虫白天下树隐藏的习性,在树下堆积乱石引诱幼虫入内,然后扒开石堆将其杀死。也可利用幼虫白天下树,晚间上树均需爬经树干的特性,在树干上用2.5%溴氰菊酯300倍液涂60厘米宽的药环,使幼虫经过时触药中毒死亡。药环每涂一次,可保持药效约20天,应连涂两遍,以

消灭害虫,保护树木不致受害。

③**喷药防治**　如幼虫发生量大,也可在树上喷药。可用苏云金杆菌 500 倍液,25%灭幼脲 3 号悬浮剂 2 000 倍液,或 50%敌敌畏 1 000 倍液,50%辛硫磷 1 500 倍液,喷施防治。

(十五)柿梢鹰夜蛾

柿梢鹰夜蛾,在我国南北方地区均有发生。以幼虫吐丝缠卷柿树苗木和幼树新梢顶部叶片成苞,在内取食嫩叶,造成枝梢秃枯,降低苗木质量,影响幼树生长。

【**形态特征**】

①**成虫**　体长 18～21 毫米,翅展 38～42 毫米。头胸部灰褐色,触角丝状,下唇须灰黄色,伸向前下方,形如鹰嘴。腹部黄色,背面有黑色横纹。前翅灰褐色。雄蛾前缘区大部及中室为红棕色,内外线黑棕色,亚端线黑色,中部外突。后翅黄色。横脉纹黑色,中室有一个黑斑,外缘有一条黑色宽带,臀角有一条黄色纹。雌蛾前翅暗灰色,除亚端线为明显黑色外,其余各线纹不明显。

②**卵**　半球形,直径约 0.4 毫米,有放射状纵纹 30 条左右,顶部有淡赭色花纹两圈。初产出时为淡青色,后逐渐由红色变成棕褐色,近孵化时为黑褐色。

③**幼虫**　老熟幼虫体长 23～30 毫米。幼虫体色随龄期变化而有较大不同。1～3 龄幼虫头黑色,体黄白色至黄绿色。4～5 龄幼虫身体有绿色和黑褐色两类。

④**蛹**　纺锤形。体长 18～23 毫米,为红褐色。前翅达第四腹节末,腹末端有臀棘四根。

【**发生规律**】　一年发生 2 代,以蛹在土中过冬。5 月下旬至 6 月上旬羽化,产卵于叶背、叶柄或芽上。幼虫孵化后吐丝将嫩叶粘连,在其中取食,逐渐向下转移。幼虫遇惊扰后进退迅速,吐丝下垂或坠地爬离。幼虫约经1个月后老熟入土,做蛹室化蛹,7月份羽化。成虫白天潜伏在杂草或树木叶背,夜晚活动,成虫飞翔力不强。8月份发生第二代幼虫,9月中旬以前入土越冬。

【防治方法】 虫口数量不大时,可人工捕杀幼虫。虫口密度高时,可用25%灭幼脲3号悬浮剂2 000倍液,或苏云金杆菌500倍液,或菊酯类农药3 000倍液防治。结合防治其他害虫如尺蠖、大蓑蛾时,可以兼治此虫。

(十六)苹梢鹰夜蛾

该虫发生普遍,以幼虫危害苹果、柿树和栎树嫩叶。危害状与柿梢鹰夜蛾同。

【形态特征】

①成虫 翅展30~35毫米。前翅棕褐色,距翅基1/3处近前缘有一黄褐色大斑。后翅棕黑色,中室后有一条黄色回形条纹。翅中和外缘中部,各有近圆形黄斑。

②幼虫 体长25~33毫米。小幼虫体青黄色。4~5龄时,头为黄色。体黑色,亚背线和气门线之间,分别有八个青黄色斑。

【发生规律】 一年发生2代,老熟幼虫入土化蛹过冬。发生期比柿梢鹰夜蛾稍早些。苹梢鹰夜蛾和柿梢鹰夜蛾常混合发生。

【防治方法】 苹梢鹰夜蛾的防治方法,基本同柿梢鹰夜蛾。

（十七）杨裳夜蛾

此虫分布于东北、华北地区及河南、陕西、宁夏、新疆与浙江等省、自治区。幼虫危害柿、枣、杨、柳等树木的叶片。特别是大龄期暴食树叶,造成树叶残缺不全。

【形态特征】

①成虫　体长 30 毫米左右,翅展 72 毫米左右。体灰黑色,前翅灰褐色,有明显的"之"字形纹。其中亚基线、内横线和外横线均为黑色,肾状纹黑褐色。后翅赤色,中央有曲屈形黑带,外缘白色,内有广阔黑带。

②幼虫　灰褐色。背上有黑色花纹,亚背线和气门线为褐色。第八节有黄红色隆起,腹面白色,各节中央有一个大黑斑。两侧密生白色短毛。

【发生规律】　一年发生 1 代,以幼虫过冬。翌年 4～5 月份,越冬幼虫开始活动。成虫于 7～8 月份出现。幼虫暴食叶片,老熟后在树干上结茧化蛹。

【防治方法】　杨裳夜蛾的防治方法,可参考柿梢鹰夜蛾的防治方法。

（十八）黄刺蛾

刺蛾类害虫种类多,食性杂。幼虫主要危害果树和林木的叶片,严重时可将枝上叶片吃光。幼虫体上的刺毛有毒,不慎触之,可引起刺痛和红肿。

黄刺蛾分布广,我国南北地区均有发生。寄主种类也多,有苹果、梨、桃、柿、枣、栗、柑橘、茶、榆和柳等。

【形态特征】

①成虫　体长 13～16 毫米,翅展 30～34 毫米。体黄褐

色,头胸部和腹部背面前后端黄色,中间黄褐色。前翅自顶角伸出两条棕褐色细线,一条至后缘基部1/3处,另一条至臀角附近。内线以外为黄褐色,以内为黄色。在翅的黄色部分有两个深褐色斑点。后翅淡黄褐色,边缘颜色较深。

②卵　扁平椭圆形,黄白色,数十粒连在一起。

③幼虫　老熟幼虫体长约25毫米,体肥大,呈长方形,黄绿色,背面有一淡紫褐色、两端大中间细的大斑。各体节有四个枝刺,胸部为六个,尾部为两个,较大,腹足退化,胸足很小。

④蛹　长约13毫米,黄褐色。茧椭圆形,坚硬,灰白色,上有褐色纵纹,形似鸟蛋。

【发生规律】　在东北和华北地区,每年发生1代,中部地区每年发生2代,以老熟幼虫在茧内越冬。在2代区(河南),越冬黄刺蛾老熟幼虫于5月上旬开始化蛹;越冬代成虫于5月中旬至6月下旬发生,盛期在6月上中旬。第一代成虫发生期是7月中下旬至8月下旬,盛期在8月上中旬。成虫趋光性强,产卵于叶片背面。初孵出幼虫集中在叶背取食,长大以后分散为害,严重时能吃尽叶片,仅留叶柄。幼虫老熟后,在小枝权处结茧、化蛹。第二代幼虫为害期在8月份,8月底以后幼虫陆续老熟,结茧越冬。

黄刺蛾的天敌较多,主要有上海青蜂、刺蛾广肩小蜂等。上海青蜂成虫体长9~11毫米,翅展18~22毫米。身体似苍蝇,呈蓝绿色,有光泽。翅褐色。此蜂以幼虫在寄主茧内过冬。翌年6月上旬至7月中旬羽化为成虫,在刺蛾茧上咬一小孔,产卵于茧中幼虫体内,然后将孔封闭,其幼虫取食刺蛾幼虫,老熟后结褐色薄茧,在刺蛾茧内化蛹。有的地方上海青蜂寄生率可达50%以上。刺蛾广肩小蜂体长3~4毫米,翅展4.5~5.8毫米,体黑色。以幼虫在黄刺蛾茧中过冬,羽化后产卵于刺蛾幼虫体内。一头刺蛾蛹可羽化出数十头广肩小蜂。

【防治方法】

①**人工防治**　在秋、冬季和夏季,摘除枝上的黄刺蛾茧。在刺蛾低龄期幼虫群集为害时,摘除虫叶,将其杀死。摘叶时注意不要触及毒毛。如不慎被刺,可以将幼虫挤破,用幼虫体液涂之即愈。

②**保护利用天敌**　将摘下的黄刺蛾茧于成虫羽化前放入纱笼中,纱笼网孔大小,以寄生蜂能飞出而刺蛾逃不出为准。或将刺蛾茧挑出(识别方法是顶上有一深褐色小洼坑的为寄生蜂产卵孔),然后将笼置于果园内,使蜂自然飞出,寻找害虫寄生。在放蜂期间,田间尽量不要喷布杀虫剂。

③**药剂防治**　黄刺蛾发生量大时,可以喷布25％灭幼脲3号悬浮剂或20％除虫脲悬浮剂 2 000 倍液,或50％敌敌畏或90％敌百虫 1 500 倍液。

(十九)褐边绿刺蛾

褐边绿刺蛾在我国南北方地区均有分布,寄主种类多。

【形态特征】

①**成虫**　体长16毫米,翅展 38～40 毫米。头胸部青绿色,胸背中央有一条棕色纵线,腹部灰黄色。前翅绿色,基部有暗褐色大斑,外缘为灰黄色宽带,带内缘有暗褐色波状细线。后翅灰黄色。

②**卵**　扁椭圆形,长1.5毫米,黄白色。

③**幼虫**　体长25～28毫米。虫体黄绿色至绿色。前胸盾上有一对黑斑,中胸至第八腹节各有四个瘤状突起,上生黄色刺毛束。第一腹节背面毛瘤杂有3～6根红色刺毛,腹末四个毛丛生蓝黑刺毛。背线绿色,两侧有深蓝色点。

④蛹　长13毫米，椭圆形，黄褐色。茧椭圆形，暗褐色。

【发生规律】　该虫的年发生代数，南北地区不同。北方地区1代，中部地区2代，南方地区3代，以蛹在茧内过冬。在2代区，越冬老熟幼虫于4月下旬开始化蛹，5月中旬越冬代成虫出现。第一代幼虫于6～7月份发生，成虫于8月中下旬出现。第二代幼虫于8月下旬至10月中旬发生，10月上旬陆续老熟，下树入土结茧或在树干基部结茧过冬。

成虫有趋光性，产卵于叶背，卵数十粒成块状。幼虫1～3龄群集为害，4龄以后分散为害。

其天敌有刺蛾紫姬蜂、白跗姬蜂和寄生蝇等。

【防治方法】　根据幼虫老熟后在树干基部土中结茧的习性，可事先将树菀周围土壤挖松，引诱幼虫在挖松部位集中结茧，然后挖茧捕杀。其他防治方法与黄刺蛾防治相同。

（二十）柿花象

此虫分布于陕西、四川和甘肃等地。以成虫和幼虫危害柿花和幼果，严重时柿花受害率可达80％，造成大量的落花和落果。

【形态特征】

①成虫　体长5～7毫米。虫体紫褐色，小盾片及足跗节灰白色。头伸长成管状。前胸近圆形，宽大于长，鞘翅基部外缘有一个显著肩突。前足腿节端部膨大，有两个齿状突起。

②卵　椭圆形，淡黄色。

③幼虫　老熟幼虫体长7～8毫米，黄白色。头及尾尖为黄褐色。体弯曲肥胖，无足。尾尖有三个分叉。

【发生规律】　该虫一年发生1代，以成虫在落叶、杂草及土块下过冬，翌年柿树初花时出蛰上树。待柿树开花时，产卵于花托。在幼果期，产卵于萼片与果面缝隙处。幼虫孵化后蛀入子房，为害数日后，被害果脱落，幼虫继续在落果中取食10余天，然后脱出化蛹。6月下旬至7月上旬，成虫羽化，在柿萼片上取食，咬出孔洞，或在重叠两叶中取食叶肉，使其成筛孔状。一直为害到10月份，下树越冬。成虫有趋光性，受惊坠落，善飞翔。寿命长达12个月，只在柿花、幼果期产卵，其他时间补充营养。

【防治方法】 利用成虫的假死性，在树下铺塑料膜，振动枝条，捕杀落地成虫。在柿树落花、落果期，清扫树下的落花和落果，予以集中烧毁或深埋。在柿花象成虫出蛰上树初期、被害果落地幼虫脱果期及当年成虫羽化前，对树冠下的地面喷洒90％敌百虫、或40.7％乐斯本（毒死蜱）1 000倍液，或20％杀灭菊酯、2.5％溴氰菊酯3 000倍液，杀灭其成虫和幼虫。

（二十一）毛胫夜蛾

毛胫夜蛾，又名鱼藤毛胫夜蛾。是吸果夜蛾类中的一种。吸果夜蛾类，现已知的有数十种，主要的有毛胫夜蛾、枯叶夜蛾、桥夜蛾、旋目夜蛾、鸟嘴壶夜蛾和毛翅夜蛾等。

吸果夜蛾，是指一些以管状口器刺吸果实汁液的蛾类，以夜蛾科害虫为主。成虫多在夜晚飞集果园为害，天亮前离去，白天隐匿，无影无踪。

吸果夜蛾一般发生在寄主植被复杂、野生灌木较多的山区丘陵地。我国中部及南方各省山区丘陵地的柿园受害较重。吸果夜蛾一般多吸食近成熟的果实，凡皮薄、味甜、多汁的果实，皆易被害，如桃、李、杏、梅、梨、苹果、柿、葡萄、枇杷和无花果等。果实受害后，果面上留有针头大的小孔，果肉失水呈海绵状，颜色变褐，松软，最后腐烂脱落。

毛胫夜蛾分布于河北、河南、江苏、安徽、浙江、江西、广东、福建、云南和台湾等省。其成虫吸食多种果实的汁液。幼虫取食大豆、鱼藤及山蚂蝗属等植物的叶片。

【形态特征】

①**成虫**　体长21～22毫米,翅展49～52毫米,头胸及前翅为暗褐色。雄蛾腿节及中、后足胫节有长毛。前翅基部近1/3处有黑色向外斜伸的粗线,内部近后缘处有一黑点,近外缘处有黑褐色的较粗线。后翅黄褐色,外线黑褐色。

②**老熟幼虫**　体长43～57毫米,细长,末端尖细,第一、第二对腹足完全退化。头部黄褐色,有很多黄色纵条纹。背部青褐色,具黑褐色条斑。第一腹节亚背面有一对黄色黑边的眼形斑,腹面紫褐色。

【发生规律】　关于该虫的发生规律,至今未见有系统的报道。在广州市,6月份于鱼藤上发现幼虫很多。在河南省,7～8月份于西华苹果园间作的大豆上发现有很多毛胫夜蛾的幼虫危害叶片。幼虫老熟后,在土中化蛹,8月下旬羽化为成虫。成虫有趋光性,夜间吸食果汁。

【防治方法】　毛胫夜蛾系吸果夜蛾类害虫。此类害虫的防治方法如下:

①**清除吸果夜蛾幼虫的寄主**　临近山区、丘陵地的柿园,周围野生灌木、杂草多,有些植物是吸果夜蛾幼虫的寄主,如通草、十大功劳和木防己等,是枯叶夜蛾的寄主,有的是多年生藤本植物,难以清除。为此,可以用41%的草甘膦水剂30倍液加入洗衣粉,在这些植物的生长旺盛期,喷于枝叶上。或用镇甲剂,即草甘膦和70%二甲四氯加水,以1∶1∶15～20的比例,于5月上旬涂植物茎。也可用1∶1∶60镇甲剂喷雾,以消灭这些寄主植物,使之不利于幼虫取食和成虫繁殖,并减轻

成虫对果树的危害。对于幼虫所危害的农作物种类,不要在园中间种或附近种植。如毛胫夜蛾幼虫危害大豆,应避免在果园间种,或避免在果园附近种植。

②用黑光灯诱杀成虫 多数吸果夜蛾有趋光性,可在果园边设置黑光灯,灯下放置水盆,水中滴少许矿物油,诱杀成虫。或设置高压电网黑光灯,电杀所诱成虫。

③毒饵诱杀 吸果夜蛾对成熟果实的甜香味和糖醋液有趋性,可在果实近成熟期用毒饵诱杀。采用的饵料种类如下:一是将早熟甜瓜,切成块和瓜瓤放入容器中,加入少许90%敌百虫药液,挂于果园。二是将梨果或早熟的柿子去皮扎孔,浸泡于50倍的敌百虫液中半天取出后晾干,再泡入蜂蜜水中半天。然后将其绑成小串,于傍晚挂于果园。三是用糖醋液(用红糖5份,醋20份,水80份,再加入少许敌百虫而配制成)盛于碗或小盆中,于傍晚挂于树上,诱杀成虫。次日清晨,将其取回,防止液体蒸发。液量减少后应随时添加。

④果实套袋 如系幼果园,结果量少,可进行套袋保护果实。

⑤科学建园 在山区或近山区建园,应选择植被简单的丘陵地建园,尽量发展连片果园,栽种晚熟品种,避免混栽不同成熟期的树种。

⑥防治幼虫 对危害农作物的吸果夜蛾幼虫,如大豆上的毛胫夜蛾和棉花上的桥夜蛾等,应密切注意,加强防治。对危害药材和灌木的幼虫,可喷药防治或人工捕捉。

(二十二)枯叶夜蛾

枯叶夜蛾分布于辽宁、河北、山东、河南、江苏、浙江、湖北和台湾等地。

【形态特征】

①成虫 体长 38~41 毫米,翅展 102 毫米左右,胸部棕褐色。前翅为枯叶状褐色,翅顶角尖,后缘中部内凹,由翅顶角至后缘内凹处,有一条黑褐色斜线,翅基部有暗绿色圆纹。后翅杏黄色,有黑色宽旋纹,中部有一个肾形斑。腹部为杏黄色。

②幼虫 老熟幼虫体长 57~71 毫米。头部褐色,体色多变,有黄褐色或灰褐色。体前端较尖,第一、第二腹节常弯曲成桥形,第八腹节隆起,将第七至第十腹节连成一个山峰状。第二、第三腹节背面,各有一个眼形斑,中间为黑色。各体节上有许多不规则白纹,第六腹节两侧各有一块不规则的方形白斑。

【发生规律】 枯叶夜蛾在浙江黄岩地区,一年发生 2~3代。主要以幼虫过冬(北方以成虫过冬)。发生期不整齐,从 5月下旬到 10 月份均可见到成虫,以 7~8 月份发生较多。成虫寿命较长,有趋光性,夜间为害。前期取食早中熟果实,后期转害苹果、梨和柿等。幼虫取食通草、木防己、十大功劳和伏牛花的叶与蔓。幼龄幼虫吐丝缀叶,在其内为害。幼虫静止时,头部下垂,尾部高举,老熟后缀叶化蛹。

【防治方法】 枯叶夜蛾的防治,可参照毛胫夜蛾的防治方法进行。

(二十三)桥夜蛾

我国北方至南方均有此虫分布。成虫吸食柿和柑橘等果实。幼虫危害棉、醋栗和红悬钩等植物。

【形态特征】

①成虫 体长 15~17 毫米,翅展 35~38 毫米。头、胸部及前翅暗红褐色。前翅外缘中部外突成尖角,内横线褐色。在中脉处折成外突齿,肾形纹暗灰色。前后端各有一个黑色圆

点,外横线褐色。翅基部有一个黑点。后翅褐色,腹部暗灰色。

②幼虫　老熟幼虫体长33～38毫米,体灰绿色,头部较大。

【发生规律】　该虫一年发生3～6代,以蛹越冬(南方地区有以幼虫越冬的)。翌年5月上旬,越冬蛹羽化为成虫,成虫产卵在叶背主脉附近。所孵化出的幼虫在叶背取食,有受惊后落地的习性。

【防治方法】　桥夜蛾的防治方法,可参照毛胫夜蛾的防治方法进行。

(二十四)绿 盲 蝽

绿盲蝽,又名棉青绿盲蝽、小臭虫和破天疯等。

绿盲蝽在全国各地都有分布。以成虫、若虫和幼虫刺吸寄主汁液。寄主广泛,可危害多种果树、农作物和蔬菜。被危害的果树,主要有柿、葡萄、苹果、石榴、李、杏、枣等果树,农作物有棉花、大豆和苜蓿等。绿盲蝽主要危害果树的嫩叶、嫩茎和幼果。被刺吸处呈黄褐色坏死斑点。随着叶片的长大,叶上有很多孔洞,皱缩畸形,叶缘残缺破烂。严重时,腋芽生长点受害,造成腋芽丛生,甚至提前落叶。

【形态特征】

①成虫　体长5毫米,宽2.2毫米,绿色,密被短毛。头三角形,黄绿色。前胸背板深绿色,布小黑点。前翅膜片暗灰色,其余为绿色。

②卵　长口袋形,黄绿色,卵盖黄白色,中央凹陷。

③若虫　初孵化出的若虫为绿色,2龄若虫黄褐色,3龄若虫出现翅芽,5龄若虫与成虫相似(图9-10)。

【发生规律】　该虫每年发生3～7代,在河南省安阳地区

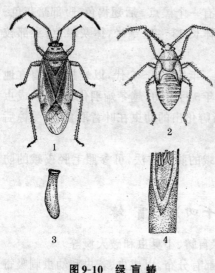

为5代,在江苏省为6～7代。以卵在苜蓿茎秆、茬内及果园杂草附近土内或枝上越冬。次年3～4月份旬平均气温在10℃以上,相对湿度高于70％时,卵开始孵化。成虫寿命长,产卵期为30～40天。发生期不整齐,飞行力强。喜食花蜜。非越冬代卵多产在嫩叶、茎、叶脉和叶柄组织内,外露黄色卵盖。其成虫和若虫均喜欢在叶背面,危害植

图9-10 绿盲蝽
1. 成虫　2. 若虫　3. 卵
4. 产于植物断茬内的越冬虫卵

物的幼嫩部分,以春季受害最重。世代重叠。其天敌种类较多,主要有卵寄生蜂、草蛉、猎蝽、花蝽和捕食性蜘蛛等。

【防治方法】

①农业防治　在秋后或早春,将果园周围和园内杂草清除干净,予以烧毁或用来积肥,可消灭越冬卵。果园间作苜蓿的,最后一次收割要齐地割,并清除田间的残枝。对苕子,可割下上边部分,即时埋入土中作绿肥,能消灭其上的一部分卵和若虫。柿园内最好不要间作棉花和豆类。

②药剂防治　首先要做好虫情监测工作。春季,察看柿园内间作的油菜、苕子、苜蓿和蚕豆等作物上的绿盲蝽发生情况。如发生多时,应对这些作物进行喷药防治。可以使用的农药为:2.5％敌百虫粉,每667平方米用2千克,杀灭第一代若

虫,减少上树危害的数量。柿树嫩叶长出后,要仔细检查有无若虫为害。一旦发现,即应及时防治。可以使用下列药剂:90%晶体敌百虫、50%辛硫磷乳油、50%马拉硫磷乳油1 000倍液,或10%吡虫啉可湿性粉、52.25%农地乐2 000倍液,1.8%阿维菌素5 000倍液,或菊酯类农药3 000倍液。

(二十五)其他害虫

除上述发生较普遍的害虫以外,还有一些局部发生或一般年份发生不严重的害虫。其主要种类及其防治方法如下:

1. 金龟子

金龟子的成虫主要危害柿树等果树的叶片,严重时幼树的叶片能被吃光。其主要种类有铜绿丽金龟、方头绿金龟、赤铜金龟、绿腿金龟、斑喙丽金龟、铅灰齿爪鳃金龟和四纹丽金龟等。这些害虫在幼树上为害时,可用人工振落的方法进行捕杀。发生严重时,可结合防治主要害虫,喷布杀虫剂兼治。

2. 天 牛

其幼虫钻蛀于主干内,蛀食木质部,外面有虫粪从排粪孔排出,造成树干中空,重者枯死。主要种类有星天牛和中华闪光天牛等。防治方法:用铁丝穿入孔内钩杀幼虫,或用棉花蘸敌敌畏50倍液塞入虫孔,或用毒签插入虫孔,然后用胶泥封住虫孔,予以毒杀。

3. 木蠹蛾

其幼虫在果树林木的新梢和枝干上蛀食为害,并在被害枝内过冬。幼虫为害时,沿枝梢髓部向上蛀食,也可转梢为害。幼虫蛀入后,先在皮层与木质部间,围绕枝条蛀一环道后再向上蛀食,使被害枝枯萎易折断。幼虫体红色,容易识别。危害柿树的主要种类,有咖啡豹蠹蛾和豹蠹蛾。防治方法:结合冬季修剪,剪除虫枝烧毁。夏、秋季节要经常检查,发现枯萎的新梢,应及时剪除并烧毁,消灭新蛀入的幼虫。

4. 柳蝙蛾

其幼虫蛀害柿树的枝干,蛀道处凹陷成环形,并用丝网木屑粘附成包。此虫以卵在地面越冬,或以幼虫在树干基部髓内越冬。造成被害枝枯死或树干残缺。防治方法:可剪除带有木屑包的枝条烧毁;5月下旬至6月上旬,初龄幼虫在地面活动时,可在树盘地面喷布菊酯类农药2 000倍液。幼虫转入树干为害时,用敌敌畏液注入虫孔,再用泥塞住。

5. 蚱　蝉

其成虫在柿树枝梢上产卵,产卵器刺伤枝条,造成枝梢枯死。卵在被害枝内过冬,春季孵化后,所出若虫落地入土,刺吸柿根内汁液。防治方法:在秋、冬季节,剪净被害枯梢烧毁。

6. 椿　象

其成虫和若虫以刺吸口器吸食果树嫩梢、叶的汁液,有的种类也吸食果实汁液,造成枝梢枯萎、果实畸形或落果。吸食嫩梢的,有曲胫侎缘蝽和瓦同缘蝽,吸食嫩叶和果实的有黄斑蝽和茶翅蝽。防治方法:根据黄斑蝽和茶翅蝽成虫9月份以后要潜入房屋或草垛等处隐蔽过冬,在春季4月份以后出蛰的特点,可在此时进行人工捕杀。在柿树生长季节,害虫发生量大时,可用一般杀虫剂防治,如用90%敌百虫、50%敌敌畏1 000倍液喷雾,杀灭该虫。

7. 毒蛾类

有多种毒蛾类的幼虫食害柿叶,如肾毒蛾、柿叶毒蛾、茶毒蛾、乌桕毒蛾、角斑古毒蛾和黄尾毒蛾等,后两种还食害花芽并啃食果皮。防治方法:可进行人工捕杀。发生量大时,可以结合防治其他害虫,进行兼治,或用25%灭幼脲3号悬浮剂、20％除虫脲悬浮剂 2 000 倍液,喷施防治。

三、柿树害虫的主要天敌

害虫有许多天敌(益虫)。这些天敌自然地控制着一些害虫的发生和发展。有的人不认识天敌或者用药不当,而将它们杀死,这就造成了一些次要害虫的大发生。因此,必须认识害虫的重要天敌,以便保护和利用它们,维持自然界的生态平衡,达到用药少,又不致使害虫造成较大危害的目的。柿树害虫的天敌,主要有以下几种:

(一)瓢　虫

瓢虫,有许多种,绝大多数是益虫。其成虫和幼虫均以害虫为食,主要取食蚜虫、介壳虫、螨类以及一些小型昆虫及卵。柿树上常见的有以下几种。

1. 黑缘红瓢虫

黑缘红瓢虫,在我国发生普遍,南北方均有。以成虫和幼虫捕食多种介壳虫,如柿绵蚧、角蜡蚧、桃球坚蚧、东方盔蚧和桑白蚧等。

【形态特征】 成虫体长 5.2~6 毫米,宽 4.5~5.5 毫米。身体近圆形,背面光滑,头、前胸背板及鞘翅周缘黑色、鞘翅基部及背中央枣红色。卵长椭圆形,长 1 毫米,黄色。末龄幼虫体长 8~10 毫米,体灰色,沿背中线两侧各有三排黑褐色刚毛状突起。蛹橙黄色,长 4~5 毫米,后期变为褐色。固定于幼虫壳内尾部,壳背裂开。

【发生规律】 一年发生 1 代,成虫在树洞、石缝、草堆、落叶下等处越冬。翌年 4 月份天暖时活动取食。4 月中旬至 5 月上旬大量产卵,卵产在介壳虫空壳及树皮缝等处。幼虫孵化后捕食介壳虫,5月中旬至6月份大量化蛹,常数十头群集在大枝下面背阴处。5月下旬至6月下旬成虫大量发生,也捕食介壳虫。夏季高温时,成虫栖息在树阴处叶背不食不动,进入滞育越夏。到9～10月份,气温下降,又捕食介壳虫,11月份越冬。一头瓢虫一生可捕食介壳虫2 000头,对控制介壳虫为害作用很大。

【保护利用】 采集成虫移放到果园,移放后不可喷全杀性杀虫剂。果园内设置越冬场所,可在向阳温暖处用石块、落叶和秸秆等堆放成孔穴,使雨雪不易浸入,供成虫安全过冬。

2. 红环瓢虫

红环瓢虫,在我国南北方均有分布。寄主有草履蚧、桑白蚧、吹绵蚧和柿绵蚧等。其成虫和幼虫,均能捕食害虫。

【形态特征】 成虫体长4～6毫米,宽3～4.5毫米,长圆形,弧形拱起。头、前胸背板、小盾片黑色,前胸背板前缘和两侧缘橙红色。鞘翅黑色,周缘和鞘翅缝为红色环绕。体上被有黄白色细毛。卵椭圆形,两端略尖,橙黄色。幼虫体长7.5～8.5毫米,似梭形。头黑色,体橙红色,体背有白色细毛,体背各节两侧各有一个瘤状突起,上生有毛刺。蛹卵圆形,橙红色,外被白色细毛。

【发生规律】 一年发生1代,以成虫越冬,越冬场所、生活习性与黑缘红瓢虫相同。在山东于3～4月份出蛰,捕食草履蚧若虫,4月中旬大量产卵,卵期20多天,5月份孵化。凡有草履蚧的地方一般均有此虫,发生量大时可消灭草履蚧70%～80%。用手触之,幼虫可从体节上分泌出红色液体,容易识别。6月份化蛹,6月下旬至7月上旬羽化。

【保护利用】 对红环瓢虫的保护利用,其方法与对黑缘红瓢虫的保护和利用方法相同。

3. 暗红瓢虫

暗红瓢虫，分布于北京和河南等地。它捕食草履蚧等。成虫体长4.4～5.0毫米，宽3.4～4.0毫米。体长圆形，红褐色，外被白色密毛。幼虫体长7～8毫米，灰褐色，体上有瘤状突起，上生刺毛。与红环瓢虫近似，触之体上也能分泌出红色黏液。发生情况与红环瓢虫相似。其保护利用同黑缘红瓢虫。

4. 红点唇瓢虫

红点唇瓢虫，在我国南北方均有分布。它捕食介壳虫的种类很多，如柿绵蚧、龟蜡蚧、牡蛎蚧、桑白蚧和梨圆蚧等，以及蚜虫、木虱和叶蝉等害虫。

【形态特征】　成虫体长3.4～4.4毫米。虫体圆形，背面黑色有光泽。鞘翅中央有一个褐黄色近圆形斑尖，头、腹部和触角黄褐色。卵长椭圆形，黄色至橙黄色。老熟幼虫体长6毫米，体红褐色，背上有六列分枝的黑色刺毛。蛹为卵形，一头略尖，外包幼虫的皮壳，壳背裂开。蛹黑褐色，有黄色线纹。

【发生规律】　在山东一年发生2代，在河南一年发生3代。成虫在树干裂缝、石缝和落叶下过冬。4月份出蛰取食，产卵于树皮缝或介壳虫空壳下。其成虫和幼虫均能捕食害虫。

【保护利用】　同黑缘红瓢虫。

捕食柿树上柿绵蚧等介壳虫的，除上述种类外，还有圆斑弯叶毛瓢虫、蒙古光瓢虫和中华显盾瓢虫等多种，在生产中也可加以保护和利用。

(二) 寄 生 蜂

这是一类以其幼虫寄生于害虫幼虫体内和卵内的寄生蜂。蜂的幼虫在害虫体内或卵内吸取营养，然后化为成虫，再寻找寄主,致使害虫死亡。除前文刺蛾中介绍过的上海青蜂外,现介绍两种寄生于介壳虫的寄生蜂。

1. 柿绒蚧(柿绵蚧)跳小蜂

该寄生蜂在山东发现。寄主有柿绵蚧和石榴绒蚧等。

【形态特征】 雌成虫体长 0.84～0.86 毫米,全体黄褐色,翅透明,足黄白色。产卵器浅黄色,突出腹部末端(图9-11)。

【发生规律】 在山东一年发生 4 代。幼虫在寄主体内过冬,翌年 4 月下旬至 5 月份化蛹,5 月下旬到 6 月上旬越冬代成虫出现,产卵于寄主若虫体内。柿绵蚧寄生蜂的成虫期与介壳虫若虫期相吻合。据在烟台观察,该跳小蜂对柿绵蚧的寄生率可达70%～80%。凡有柿绒蚧跳小蜂并有红点唇瓢虫等害虫天敌的柿园,柿绵蚧基本被天敌控制而不致造成经济损失。

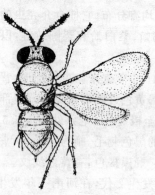

图 9-11 柿绒蚧跳小蜂

【保护利用】 寄生蜂成虫发生期不使用全杀性的农药。如必须用药,可使用选择性农药(对天敌无害的药剂),也可以使用既杀一般害虫又杀介壳虫的药剂,如敌敌畏、速扑杀等。春季从寄生蜂多的果园,采摘虫枝移入果园,放于寄生蜂羽化器中使其羽化飞出,寻找寄主寄生(叫"人工助迁"),逐渐在此园建立该跳小蜂群落。

2. 龟蜡蚧跳小蜂

能寄生于龟蜡蚧的跳小蜂有数种。据记载,河南有 6 种,山东有 1 种。跳小蜂成虫体型小,虫体为黄褐色或浅黄褐红色,少数为黑色,有蓝绿色光泽。

【形态特征】 山东发现的龟蜡蚧跳小蜂雌成虫,体长 2 毫米。头橙黄色,胸背青蓝色有光泽,侧缘、腹面翅基为赤黄色,前翅淡黑色,中央有透明横带,腹部近卵圆形,产卵器突出尾端。雄虫全体有青蓝色光泽(图 9-12)。

【发生规律】 一年发生 1 代。幼虫在龟蜡蚧体内过冬,翌年 5 月下旬至 6 月中旬羽化。成虫寿命长,以介壳虫分泌物为食。6~7 月份产卵于介壳虫若虫体内,取食虫体。在山东调查,其寄生率达 90%以上。故此蜂多的地方,龟蜡蚧为害轻微。

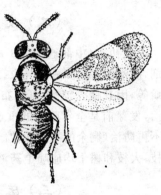

图 9-12　龟蜡蚧跳小蜂

【保护利用】 龟蜡蚧跳小蜂的保护利用方法,与柿绵蚧跳小蜂的保护利用方法基本相同。

四、柿树病虫害的综合防治

现将一年中各季节病虫害综合防治的重点,简要说明如下:

(一)休眠期的防治

从冬季至翌年 2 月份,剪除病虫枯枝,摘净树上残存的柿蒂和干果,清扫落叶,予以烧毁或深埋。这可以防治多种病虫害,如角斑病、圆斑病、炭疽病及蝉卵与介壳虫等。

刮除树干粗皮,摘掉绑缚在树干上的草环,予以烧毁,消灭在其内越冬的柿蒂虫等。

在每年1～2月份天气暖和时,草履蚧若虫开始孵化上树。这时,应注意检查,及时在树干上涂粘虫胶粘死若虫,阻止其上树为害。

（二）发芽前的防治

在初春(中部地区为3月上中旬),喷布5波美度石硫合剂,防治病害及多种介壳虫。对于以成虫越冬的龟蜡蚧和红蜡蚧等,因其蜡壳较厚,可喷布5%柴油乳剂。对于介壳虫的防治,发芽前是全年防治的重点,这次药打好了,生长期就可以不再防治(剩余的靠天敌控制)。喷药必须做到细致、周到,小枝、大枝和树干均应喷上药液。

（三）落花后的防治

喷布波尔多液或代森锌、甲基托布津、多菌灵等杀菌剂1～2次,间隔20天左右,防治炭疽病、角斑病和圆斑病等多种病害。

（四）幼果期至采收前的防治

摘除第一、二代柿蒂虫危害果,特别是第一代虫果。如果摘净烧毁,就可以减少第二代的发生。8月上中旬,在刮过粗皮的树干上绑草环,诱集柿蒂虫进入其中过冬。冬季时,将草环取下,予以销毁。

继续防治病害。对于多种食叶性害虫,要尽量使用生物农药进行防治。如苏云金杆菌或灭幼脲等。

（五）注意保护天敌

要认真识别天敌。在天敌发生量大时，尽量不使用全杀性药剂。

五、波尔多液、石硫合剂和矿物油乳剂的配制

（一）波尔多液的配制

波尔多液是应用范围很广的杀菌剂，它是用硫酸铜和石灰配制而成的。

1. 原料

硫酸铜为蓝色块状结晶。石灰以块状生石灰最好，如果没有生石灰，使用粉状的消石灰时，则应加大用量30％。

2. 配制方法

按要求的比例，称出药和水的重量。如1：5：400波尔多液，即硫酸铜1份，生石灰5份，水400份。将总水量的20％配成浓石灰乳，80％的水配成稀硫酸铜液。然后，将稀硫酸铜液徐徐倒入浓石灰乳中，或将半量水化硫酸铜，半量水化石灰同时倒入一个容器内。边倒边搅，即制成天蓝色的波尔多液。此法配制的药液，质量最好，胶体性能强，不易沉淀。

3. 注意事项

第一，上述配制顺序不能颠倒。

第二，不能先配成浓的波尔多液，再加水稀释。

第三，将浓硫酸铜液倒入稀石灰水中，质量不好。

第四，溶化硫酸铜不能使用金属容器。

（二）石硫合剂的配制

石硫合剂，即石灰硫黄合剂，是应用历史较长的杀虫、杀菌剂。由石灰和硫黄熬制而成，为红褐色药液。

1. 配制方法

配制比例为硫黄粉2份，生石灰1份，水10份。先将定量的水放入铁锅内加温，然后将硫黄粉用温水调成糊状（不要有硫黄团粒），倒入锅内，继续加热煮沸。再将块石灰逐次投入锅内，并继续搅拌，药液由黄色逐渐变为红褐色，煮40～50分钟即成。然后，将熬好的药液放入缸中沉淀和冷却，即成红褐色透明澄清液。用波美比重计测定原液的浓度，使用时所需的加水量，可查石硫合剂原液重量倍数稀释表（表9-1）和石硫合剂容量倍数稀释表（表9-2）确定。存放时，缸口要用塑料布盖严。

表9-1　石硫合剂原液重量倍数稀释表

原液浓度（波美度）	需要浓度（波美度）								
	0.1	0.2	0.3	0.4	0.5	1	3	4	5
	重　量　稀　释　倍　数								
15	149	74	49.0	36.5	29	14	4.00	2.75	2.00
16	159	79	52.3	39.0	31	15	4.33	3.00	2.20
17	169	84	55.6	41.5	33	16	4.66	3.25	2.40
18	179	89	59.0	44.0	35	17	5.00	3.50	2.60
19	189	94	62.3	46.5	37	18	5.33	3.75	2.80
20	199	99	65.6	49.0	39	19	5.66	4.00	3.00
21	209	104	69.0	51.0	41	20	6.00	4.25	3.20
22	219	109	72.3	54.0	43	21	6.33	4.50	3.40

原液浓度	需 要 浓 度（波美度）								
（波美度）	0.1	0.2	0.3	0.4	0.5	1	3	4	5
	重 量 稀 释 倍 数								
23	229	114	75.6	56.5	45	22	6.66	4.75	3.60
24	239	119	79.0	59.0	47	23	7.00	5.00	3.80
25	249	124	82.3	61.5	49	24	7.33	5.25	4.00
26	259	129	85.6	64.0	51	25	7.66	5.50	4.20
27	269	134	89.0	65.5	53	26	8.00	5.75	4.40
28	279	139	92.3	69.0	55	27	8.33	6.00	4.60
29	289	144	95.6	71.5	57	28	8.66	6.25	4.80
30	299	149	99.0	74.0	59	29	9.00	6.50	5.00

表 9-2　石硫合剂原液容量倍数稀释表

原液浓度	需 要 浓 度（波美度）								
（波美度）	0.1	0.2	0.3	0.4	0.5	1	3	4	5
	容 量 稀 释 倍 数								
15	166.2	82.5	54.7	40.7	32.4	15.6	4.46	3.07	2.23
16	178.7	88.8	58.8	43.8	34.8	16.9	4.87	3.37	2.47
17	191.4	95.2	63.1	47.0	37.4	18.1	5.29	3.68	2.72
18	204.4	101.6	67.4	50.2	40.0	19.4	5.71	4.00	2.97
19	217.5	108.2	71.7	53.5	42.6	20.7	6.14	4.32	3.22
20	230.8	114.8	76.2	56.8	45.2	22.0	6.57	4.65	3.48
21	244.4	121.6	80.7	60.2	47.9	23.4	7.02	4.97	3.74

原液浓度	需 要 浓 度（波 美 度）								
（波美度）	0.1	0.2	0.3	0.4	0.5	1	3	4	5
	容 量 稀 释 倍 数								
22	258.2	128.5	85.3	63.7	50.7	24.8	7.47	5.30	4.01
23	272.2	135.5	89.9	67.2	53.5	26.2	7.92	5.65	4.28
24	286.4	142.6	96.8	70.7	56.3	27.6	8.39	5.99	4.55
25	300.9	149.8	99.5	74.3	59.2	29.0	8.86	6.34	4.83
26	315.6	157.2	104.4	78.0	62.1	30.5	9.34	6.70	5.12
27	330.6	164.7	109.4	81.7	65.1	32.0	9.83	7.07	5.41
28	345.8	172.3	114.4	85.5	68.2	33.5	10.33	7.44	5.70
29	361.3	180.0	119.6	89.4	71.3	35.0	10.86	7.81	6.00
30	377.0	187.9	124.8	93.3	74.4	36.6	11.35	8.20	6.30

2. 注意事项

第一，生石灰质量要好，硫黄粉要细。

第二，先下硫黄，后下石灰。

第三，掌握好火力，使熬制的药液一直保持沸腾状态。

第四，田间用药，喷过石硫合剂后7～10天，才能喷施波尔多液；喷过波尔多液后15～20天，才能用石硫合剂。

（三）矿物油乳剂的配制

矿物油乳剂，主要用于果树休眠期防治介壳虫类、螨类和蚜虫的越冬卵等。低浓度的也可用于生长季。须注意免生药害。治虫的矿物油乳剂，有机油、柴油和洗衣粉柴油乳剂。

1. 机油乳剂

已制成的机油乳剂商品,有95%机油乳剂和95%蚧螨灵乳油。可直接加水稀释使用。发芽前用50~100倍液。

2. 柴油乳剂

用柴油加乳化剂配制,须现配现用。

(1)轻柴油乳剂 原料配比为:柴油100:水100:肥皂6。先将肥皂切碎加入热水溶化,同时将柴油放在热水中加热到70℃(勿直接加热,以免失火)。把热柴油慢慢倒入肥皂水中,边倒边搅。再用去掉喷水片的小型喷雾器,将乳剂反复喷射两次,即成含油量48.5%的柴油乳剂。将原液稀释10倍后喷施,可以防治介壳虫等害虫。

(2)重柴油乳剂 原料配比为:重柴油500:亚硫酸纸浆废液150:水9250。将重柴油和纸浆分别加热,把油慢慢倒入纸浆废液中,边倒边搅,成稀糊状即成。用时先用少量温水慢慢倒入原液中,最后将定量水加入,即成5%柴油乳剂。如果纸浆废液是碱性的(烧碱处理过的造纸原料),需要先加入少许盐酸或粗硫酸中和,使之呈弱酸性(pH6~7),才能使用。

配制程序如下:纸浆废液是造纸厂的废水,浓度有稀有稠,尽量取稠的。如果有浓缩的,则最好。先测定干物质含量,称取废液500克,放入已知重量的锅内,加热煮干后再称重量,减去锅重,即得干重,以原液重量除干物质重量,即算出该废液干物质含百分之几。作乳化剂的纸浆废液,浓度有3%即可使用。如浓度高,可加水稀释。

纸浆废液加酸量:取定量废液和定量粗酸,将酸徐徐加入废液中,不断搅拌,用石蕊试纸测定酸碱度,当试纸开始变红时即可。从原酸重中减去剩余量,即得出加酸量。

配制柴油乳剂:将1份油加入到1份3%纸浆废液中,边倒边搅。然后,再用喷雾器喷一遍,使油点变小分散,提高乳化程度。这样配出的原液,含油量为 50%。再根据需要情况,加水使用。

加水倍数的计算公式为:

加水倍数＝原液含油量/需要液含油量－1

例如,原液含油为 50%,需要液含油为 5%,需要加水的倍数为50/5－1＝9,即取 1 份原液加 9 份水。

(3)洗衣粉柴油乳剂 用洗衣粉、零号柴油和水,按0.50∶0.25∶100 的用量,准备好原料。配制时,先用少量热水将洗衣粉溶化,再把柴油徐徐加入洗衣粉溶液中,并不断搅拌,至油全部乳化,最后加入全量的水即成。最好用两个喷雾器,一个喷油,一个喷洗衣粉液,同时喷入第三个容器内,并不断搅拌,喷完后加入全量的水。因洗衣粉种类多,应先用少量试试,再大量使用。此乳剂因含油量低,可在生长期用以防治螨类、蚜虫及初孵化的介壳虫若虫。

第十章 柿果的采收、脱涩、贮藏与加工

一、柿果采收

（一）采收时间

柿果的采收时间，因地区、品种和用途等不同而异。一般南方地区比北方地区早采收半个月左右。在同一地区，不同品种间相差可达两个月之久。现就各种用途果实的采收期作一简单介绍。

1. 作鲜食用脆柿的采收时间

在果个大小固定，果皮变为黄色而未转红，种子已呈褐色时，便可采收。采收过早，果实着色差，含糖量低，品质不佳，抗病性差。采收过晚，品质开始下降，果实极易软化腐烂。甜柿类品种，能够在树上自行脱涩，采下便可鲜食，以果皮正变红而肉质尚未软化时采收，品质最佳。

2. 制饼用柿的采收时间

柿果要充分成熟，在果皮黄色减退而稍呈红色时采收。以霜降前后为采收适期。因此时果实含糖量高，尚未软化，削皮容易，制成的柿饼品质最优。若采收过早，果实含糖量低，制出的柿饼质量不佳；采收过晚果实易软化，在加工时不易削皮。一般多用中晚熟品种。

3. 作鲜食用软柿的采收时间

应在果实黄色减退充分转红时采收。此时果实含糖量高，色红，进行人工催熟后，软化便可食用。在南方少数地方，任其在树上生长，待充分成熟呈半软状态时才采收。这样的柿果，比人工催熟的味甜好吃。

4. 提取柿漆用柿的采收时间

应在8月下旬果实着色前采收。因此时鞣酸含量高，为最适采收期。

（二）采收方法

采收柿果，有折枝和摘果两种方法。

1. 折 枝 法

这是用手或夹竿、挠钩等工具，将果连同果枝上中部一起折下。采用此法，易把连年结果的果枝顶部花芽摘掉，影响来年产量，也常使二三年生枝折断。但折枝后也可促发新枝，使树体更新或回缩结果部位，便于控制树冠，防止结果部位外移，可起到粗放修剪的作用。此方法适于进入盛果期后使用。

2. 摘 果 法

是用手或摘果器，将柿果逐个摘下。此方法虽不伤害连年结果的枝条，但柿树易衰老，结果部位外移，内膛空虚，易出现大小年现象。此方法适合未进入结果盛期的幼树使用。

柿果采收后，要剪去果柄，摘掉萼片。因果柄和萼片干后发硬，在贮藏和运输中易使果实间碰伤，影响商品价值。

二、柿果脱涩

一般柿果成熟后都有涩味，不经脱涩，便无法直接食用。

这是由于柿果肉中含有鞣酸,而鞣酸多数以可溶性状态存在。虽然鞣酸在果实成熟过程中,可以逐渐由可溶性转化为不可溶性状态,但采下后仍有一部分可溶性鞣酸存在。鞣酸有收敛作用。当咬破果肉后,可溶性鞣酸流出来,被唾液溶解,使人感到涩味很大。只有经过人工脱涩处理后,方可食用。甜柿类果实之所以采下后便可食用,是由于采收前鞣酸在树上已完全转化为不溶性状态,当咬破果肉后,不能被唾液溶解,所以食用者感觉不到涩味。脱涩,就是将可溶性鞣酸,转化为不溶性鞣酸,并非将鞣酸除去或减少。这种变化,只在鞣酸细胞内进行。脱涩的方法原理,大致有两种:一是直接作用。用乙醇、石灰水和食盐等化学物质,直接渗入果肉中,与其中的鞣酸发生沉淀,使可溶性鞣酸转化为不溶性,达到脱涩的目的。二是间接作用。将果实置于水或二氧化碳或乙烯等气体中,在无氧条件下,使果肉细胞分子间进行内呼吸,分解果实内的糖分,放出二氧化碳,产生乙醇,乙醇再转变为乙醛,乙醛又与可溶性鞣酸结合,变为不溶性的树脂状物质,使果实失去涩味。有的脱涩方法兼有以上两种原理。

脱涩的快慢,与品种和果实成熟度有关,也与当时的气温和化学物质有关。脱涩方法一般有以下几种:

(一) 用温水脱涩

将新鲜柿果浸入 40℃ 左右的温水中,淹没柿果,加盖密封,保持恒温,经 10~24 小时后便能脱涩。将柿果放在冷水中浸 5~6 天,也能脱涩,但要经常换水。此方法脱涩的柿味淡,不能久贮,经 2~3 天果色便发褐,果实便变软,不宜进行大规模生产。但因方法简单易行,脱涩速度快,故适合小商贩和家庭采用。

（二）用石灰水脱涩

将果实浸入 3%～5% 的石灰水中。操作时,要先用水把石灰溶化,再加水稀释成 3%～5% 的浓度,水量要淹没柿果,使石灰直接和柿果中的鞣酸物质发生作用。经 3～4 天后,便可脱涩。如能提高水温,便能缩短脱涩时间。由于钙离子能阻碍原果胶的水解作用,所以脱涩后果实特别脆,很适宜于处理着色不久的柿果。其惟一的缺点是,脱涩后表面附有石灰痕迹,不易洗净,有碍于美观。若处理不当,还会引起裂果。因此,必须加以防止。

（三）用二氧化碳脱涩

把柿果装入密闭容器中,注入浓度为 70% 的二氧化碳气体(为适宜脱涩浓度),而后密封存放在 15℃～25℃ 的温度条件下。经过 2～3 天,即可脱涩。

（四）用乙烯利脱涩

将采摘下来的柿果,浸泡在浓度为 0.4～0.5 克/千克的乙烯利水溶液中。浸泡10分钟后,捞出来放在塑料薄膜上,堆放 48～50 小时,即可脱涩出售。

（五）用酒精脱涩

选用可装 15 千克柿果的纸箱,在箱内垫 0.03 毫米厚的聚乙烯薄膜袋,按每 1 千克柿果取 4 毫升酒精或固体酒精(含40%酒精)的用量,将酒精倒在厚吸水纸或脱脂棉上,在每个箱底部放 1～2 块,即可密封外运。运输中,柿果即可脱涩,到达目的地可马上销售和食用。但是要注意,此法对高桩大果型品种(如斤柿)的果实,不能脱涩。

(六) 用谷氨酸钠脱涩

用50克谷氨酸钠,加750毫升40%的乙醇,再加250毫升40%的乙酸,放入高压锅内加热,然后把所产生的蒸汽,导入盛满柿果的塑料桶中,5分钟后予以密封脱涩。两天后,柿果即可上市。此法脱涩的柿果,口感好,肉脆,味甜,有醇香,外观黄绿,硬度也好。

(七) 用松针脱涩

采用松针对柿果脱涩时,先在脱涩用的容器底部,铺一层切成小段的鲜松树针,约10厘米厚,把柿果装入六层之后,再放一层松针,直至把柿果装满,再铺一层松针后,密封脱涩3～5天,即可上市。此法主要利用切断松针的呼吸作用,比柿果的呼吸作用约大10倍,耗氧快,迫使柿果进行无氧呼吸,而达到脱涩的目的。松针脱涩法,简便,省工,省时,在有松树生长的柿产区可试用。

(八) 用榕树叶脱涩

在有榕树的柿产区,可选用榕树叶对柿果进行脱涩。具体方法是:在容器底部铺一层榕树叶,再装一层柿果,就这样一层层装满后,在容器上部再铺一层榕树叶,然后密封9天,即可脱涩。

各柿产区可根据当地的实际情况和经济条件,来选择柿果脱涩的方法。但无论采用哪种脱涩方法,都必须首先对柿果进行挑选,剔除碰伤果及病虫果,以免在脱涩过程中引起病菌感染,损害柿果的外观及品质。

三、柿果贮藏

为了延长柿果在市场的供应期和有利于加工，就必须妥善地解决好贮藏保鲜的方法，以提高果实的商品价值。贮藏柿果要依各地气候和地理条件，因地制宜地选用中晚熟品种，细心采收，严格挑选，才能达到贮藏的标准。

柿果的贮藏方法，有室内堆藏、露天架藏、自然冷冻、冷冻保藏、气体贮藏和液藏法等。常用的贮藏方法有如下几种：

（一）露天架藏法

用于露天贮藏的柿果，宜在霜降后采收。此时果皮变厚，汁液变稠，含糖量高，耐贮性强，可认真挑选、采收无病虫的好果以备用。

在院内选一阴凉处，距墙1米，留出人行道，地面用砖等物垫高15～30厘米，然后铺上秫秸箔，将柿子放在箔上，一定要使柿蒂向下。一般只放6～8层，过厚在春季易使柿果被压坏。在柿堆四周，钉上木桩，夹上7～10厘米厚的谷草。再在柿果上面盖10厘米厚的谷草。天冷时，谷草要加至15厘米厚，以保温防风。到春天气温回升时，要防止柿果升温过快，以免柿果变黑变软，缩短贮藏时间。一般常用土坯将四周围起来隔温，这样至少可贮到春节，最长可贮藏到清明节前后。在贮藏期间如降雨雪，要及时用塑料布遮盖，以防潮湿。取果时，要一批一批地拿，不要乱翻，以防柿果变软。

（二）液藏法

挑选无机械损伤、无病虫害和成熟度适中，即果皮呈绿黄色的柿果，细心采收，并去除果柄备用。

在采收果实的前一天，将水烧开，并每50升水加入食盐1.5千克、过筛的细明矾0.5千克，搅拌1小时，使其溶化并出现大量泡沫为止，冷却后备用。将100千克鲜柿放入配好液的缸内，并用柿叶盖好，用竹条压着，使柿果完全浸于液体内。缺水时，要及时添加。浸泡7天，便可脱涩。脱涩后，果实硬度无损，果色不变且味甜，贮藏时间可长达5个月之久。经浸泡的柿果可随时取出，近距离运输也不致软腐。在采收期遇梅雨时，可先浸果，待天晴后再取出果实晒柿饼，也可改为硬食供应市场。这样，不会因气候变化而遭受经济损失。

此种贮藏方法，不需要特殊设备，在一般条件下均可采用。其方法简便，容易掌握，而且效果好，贮藏期长。因原料中明矾可保持果肉组织硬度，不致软化；食盐具有防腐作用，所以浸泡后果实不会软化腐烂，肉色好，肉质脆硬甘甜。如明矾过多，则品质差；如食盐过多，则味咸。故两者的比例，一定要适宜。

（三）冷冻保藏法

1. 低温保藏法

将柿果装入0.06毫米的聚乙烯塑料袋里，密封好后放入冷库中，存放在温度为0℃～－1℃、相对湿度为85%～90%的条件下，可贮藏50～70天。

2. 冻结保藏法

把脱涩后的柿果，装入聚乙烯塑料袋里，密封后放入－18℃的低温库里，冻结1～2天后，再移入－10℃的冷库中贮存。采用此法，可以长期保藏柿果不变质。

（四）气调保藏法

选用长 80～110 厘米、宽 54～60 厘米、厚 0.06 毫米的低密度聚乙烯薄膜包装袋，将柿果进行小包装，每袋装 150 个果，加入 500～1 000 克分子筛乙烯吸收剂，热焊密封。要求温度在 0℃±1℃左右，相对湿度在 90% 以上，袋内气体条件要求氧气含量为 2%～3%，二氧化碳含量为 5%～10%。装后要检查薄膜封口，使其确无孔洞。由于采用薄膜密封低温保存，一直维持着减压状态，乙烯的生成便受到抑制，可以防止柿果软化，也可阻碍病菌的生长发育，涩柿可在袋内保持硬度和降低水分蒸发，并促进脱涩。此法贮藏较稳定，实用价值高。

四、柿果加工

由于柿果成熟后肉质软，皮薄汁多，不耐贮运，且成熟时正是农忙季节，不能及时采收并销售，这就易造成经济损失。以往的加工方法，多限于制作柿饼，因而花色品种较少，不能使柿果充分发挥其经济价值。为了改变这种状况，各地区可根据当地的情况，实行生产、加工、销售一条龙的工作模式，充分利用原料，加工相应的产品，提高产品价值。

柿树全身都是宝。它的叶和果等，可分别加工成柿叶茶、柿饼、果酱、罐头、果汁和果胶等。现将几种产品的加工方法介绍如下：

（一）果酱的制作

将 500 克柿果去蒂洗净，先把柿子纵切成两半，再横向切一刀，然后放在由 25°白酒 413 毫升、缩多磷酸(IF)0.625 克、苹果酸9.45克所组成的溶液中,浸泡 2～3 天。再用打碎机将柿果充分捣碎。接着,慢慢加入1.2 千克白糖,250 毫升果糖,搅拌均匀后加热,加入酒 29 毫升,果汁 250 毫升,苹果酸 3.9 克,然后边搅边煮。到 80℃时,加入预先准备的果胶酸,并停止加热。迅速把 5 克果胶酸加入 100 毫升果糖中,再加热到 80℃。最后加入 10 毫升酒,停止加热,果酱便告做成。

做出的果酱,酸甜适口,营养丰富。由于加了酒和有机酸,果酱不会因加热再产生涩味。

（二）柿叶茶的加工

一般在 7 月下旬至 9 月上旬,选新鲜色绿、无病虫害的柿叶制茶。把采好的绿叶,用线穿上,放到85℃的热水中烫15秒钟消毒,要烫出青草味。烫后立即将其放入冷水中浸泡,每隔 1 小时翻动一次。泡 5 小时,柿叶组织中的胶质软化后,便可将柿叶沥干。接着,轻轻用手揉搓,搓时不能太碎。也可以用手撕,要撕得大小均匀。将搓好的柿叶,放入大锅中烘炒。然后,往锅内加适量的水,以渗水而不滴为宜。要边加边搅。加完水后,盖好锅盖,进行熏蒸。将熏蒸过的湿柿叶,摊放在阴凉通风处去除水分。不能让阳光直晒,以免养分遭到破坏。晾至半干时,将柿叶揉卷成茶叶状,再晾干就成为柿叶茶。经化验鉴定后,可分级包装,放入干燥通风的库房保存。

由于柿叶营养丰富,干叶中含有丰富的维生素和氨基酸等多种营养成分,因此制成柿叶茶后,喝起来芳香可口,冬夏皆宜。柿叶茶具有抗菌、消炎、解热和降血压等多种疗效,很受人们欢迎。再者,摘去树上多余的叶子,能够使树体更好地通风透光,提高果实的品质,增加经济效益。同时,由于操作方法简便,可随时制作柿叶茶,很适合家庭及小商品经营者选用。

（三）柿饼的烘制

1. 建造烤房

应选择在空旷通风、土质坚实的柿主产区建造烘烤柿饼的烤房。烤房为土木结构，东西长 2.5 米，南北长 3.5 米，高 2.5 米（房屋高指室内地坪向上）。烤房要设一门一窗。门高 1.8 米，宽 80 厘米；窗为观察窗，高 35 厘米，宽 30 厘米，用透明塑料薄膜封严。将温度表挂在窗口，以便于观察。烤房的长和宽，可根据当地的柿产量而定。

烤房采用火炕回流升温。在门的右侧设烤炉一个，炉膛长 90 厘米，高 35 厘米，宽 40 厘米（宽和高均指炉膛中部），呈枣核形，炉条全部倾斜，相差 12 厘米。灰门高 80 厘米，宽 50 厘米。炉门宽 20 厘米，高 18 厘米，炉门设在室外。火道设在炉膛后面，宽 36 厘米，高 28 厘米，全长 7 米，呈"U"字形排列。火道距墙壁 30 厘米，用土坯筑成，由低到高（前后相差 12 厘米），缓坡延伸到烟囱（室外）。烟囱高出房顶 1 米，下部内径为 37 厘米，上部内径为 18 厘米。

排气设备共七个。在东西侧墙离地面 1.8 米处，开长 25 厘米、宽 30 厘米的排气孔两个。房顶两角，开长宽各 30 厘米的排气孔两个。最后在后墙的上部，开长 30 厘米、宽 35 厘米的排气口。为了促进冷热空气的对流，再在门口的下部和后墙根，各开一个 20 厘米×20 厘米的进风洞和排气洞。

烤架可用桐木杆制作。共分三层，最下层距地面 30 厘米，每层相距 25 厘米。烤箔用高粱秆编织而成，每个一般长 3 米，宽 83 厘米。其具体的长宽尺寸，可根据烤架的长宽尺寸而定。

2. 烘 烤

（1）烘烤原理 柿果含糖量高，含有多种维生素，营养价值高,并且鞣酸含量丰富,含水量多。所以,在柿饼加工过程中,易受微生物的侵染而腐烂变质。微生物的生存,主要依赖于本身细胞的渗透压,大于生存环境条件的渗透压,来摄取营养。柿饼的烘烤,就是借助于热能,将果品中的水分由干燥介质带出,从而控制微生物的活动,达到柿饼本身所需的含水量。

(2)工艺流程

选果→去萼旋皮→消毒防腐→烘烤→发汗→生霜→整形→成品装箱

(3)烘烤技术　全过程需83小时。

①**选果**　挑选果形端正,果重150克左右,充分成熟,肉质硬,糖分高,水分少,无机械损伤及无病虫的果实。

②**去萼旋皮**　将柿蒂周围翘起的萼片用手掰去,只留萼盘,用旋车削皮。

③**消毒防腐**　将去皮的柿果,放入0.5%的亚硫酸钠或苯甲酸消毒液中,浸半小时,捞出沥干,摆在准备好的柿箔上。

④**烘烤**　要掌握三个关键,一是要严格控制室内温度和湿度。第一阶段为受热阶段,温度35℃～40℃,保持58小时,每隔2小时排湿放气一次,每次不得少于15～20分钟。第二阶段为高温阶段,温度40℃～57℃,保持19小时,发现果皮发皱顶部稍有凹陷时,即可随时捏饼。第三阶段为低温阶段,温度在40℃以下,保持6小时。经过多次捏饼,果肉软绵,富有弹性,且干湿适宜,立即停火,准备出房。二是要注意倒盘。因为室内温度上下有所不同,因此在烘烤中要上下倒盘,使整个柿果受热一致。三是要经常检查,发现个别发霉的柿果,要集中放在上部或下部温度较高的地方,加速伤口愈合。

⑤**发汗**　让柿果内部的水分扩散出去,一般常用堆积法。

具体做法是:将出房的柿果晾凉,堆放在箔子上,放在通风凉爽的地方,盖上柿皮和布单。1~2天后摊开晾一天,使水分平衡,干湿均匀。经过2~3次的堆积发汗,即可入缸生霜。

⑥生霜　先在缸内放20厘米厚柿皮,再放上柿饼,直至装满为止,上面再盖一层柿皮,置于冷凉处生霜。如果入缸时发现柿饼过硬,含水量过少,可分层放上白萝卜片,使其再次发汗变软。

⑦装箱出售　装箱时,先选饼分级,整形捏饼。凡直径在5厘米以上,厚度在2厘米以上,出霜均匀,都可作为出口柿饼,其余为内销柿饼。箱子都用纸箱,每箱装10千克,分层放置,中间放上隔板,排列整齐,最后封口,即可出售。

3. 影响烘烤质量的因素

(1)温湿度　温度和湿度,在烘烤中起着决定性的作用。变温处理的规律是:低温→高温→低温。如果低温阶段超过40℃,随着温度的升高,果实内的酒精脱氢酶抑制作用增强,以至失活而难以脱涩。相反,温度过低,果实虽然脱涩,但易发霉变质,因为30℃~34℃的温度,是多种病原微生物活动的适温。温度和湿度息息相关。根据试验观察,35℃~40℃的温度范围,空气相对湿度多在70%±10%之间;高温阶段40℃~53℃,空气相对湿度多在40%±10%之间;第三阶段温度控制在40℃以下,湿度在40%±5%。实践证明,温度越高,相对湿度越低,烘烤速度越快,干燥率高,成本低;相反,干燥慢,干燥率低,成本也高。

(2)柿果成熟度　充分成熟的柿果,其干燥率高,全糖含量高,且出霜厚,拉丝多而透明,柿饼质量高。

(3)旋皮质量　柿皮是影响出霜的主要因素。凡是旋皮不彻底的,不但出饼率低,而且出霜很不一致。根据外贸出口的要求,应做到"两不留,一不超",即不留花皮,不留顶皮,底盘不超过1厘米。

（四）柿醋的加工

加工柿醋,主要利用不耐贮的柿果、伤残落果、病虫果及加工柿白酒的渣,作为制醋的原料。

柿醋加工的原理有二：一是将柿果转化为酒精发酵;二是利用已发酵产生的酒精,再进行乳酸发酵,使酒精转化为醋酸,即成为柿醋。一般每1 000千克原料,可酿醋2 000千克左右。其具体操作方法如下：

1. 发　酵

将柿果原料洗净,沥干水后破碎。把破碎的果肉装入缸内,每100千克原料,加10千克麸曲,再加入300升水,15%的米糠,5%的酵母液,加以拌匀。然后,密封保温发酵,温度控制在25℃~30℃。经过10天后,注意搅拌,让醋酸菌加速繁殖,使酒精转化为醋酸。一般15~20天即可成为柿醋。

2. 过　滤

将缸里发酵完毕的渣子捞出来后,进行过滤,滤液即为白色的柿醋。

3. 调　配

每100千克柿醋,加入1千克食盐及适量花椒水后,再装瓶杀菌。

4. 杀　菌

将瓶装柿醋,放在蒸笼上或在锅中杀菌,温度要求在60℃以上,杀菌30分钟即可。而后出锅冷却,擦干瓶面,贴好商标,在库内存放5~6个月后,即成为柿果香醋。

金盾版图书，科学实用，
通俗易懂，物美价廉，欢迎选购

苹果树合理整形修剪图解（修订版）	15.00 元	南方早熟梨优质丰产栽培	10.00 元
苹果园土壤管理与节水灌溉技术	10.00 元	南方梨树整形修剪图解	5.50 元
红富士苹果高产栽培	8.50 元	梨树病虫害防治	10.00 元
红富士苹果生产关键技术	6.00 元	梨树整形修剪图解（修订版）	8.00 元
红富士苹果无公害高效栽培	15.50 元	梨树良种引种指导	7.00 元
苹果无公害高效栽培	11.00 元	日韩良种梨栽培技术	7.50 元
新编苹果病虫害防治技术	18.00 元	新编梨树病虫害防治技术	12.00 元
苹果病虫害及防治原色图册	14.00 元	图说梨高效栽培关键技术	8.50 元
苹果树腐烂及其防治	9.00 元	黄金梨栽培技术问答	10.00 元
怎样提高梨栽培效益	7.00 元	梨病虫害及防治原色图册	17.00 元
梨树高产栽培（修订版）	12.00 元	梨标准化生产技术	12.00 元
梨树矮化密植栽培	9.00 元	桃标准化生产技术	12.00 元
梨高效栽培教材	4.50 元	怎样提高桃栽培效益	11.00 元
优质梨新品种高效栽培	8.50 元	桃高效栽培教材	5.00 元
		桃树优质高产栽培	9.50 元

以上图书由全国各地新华书店经销。凡向本社邮购图书或音像制品，可通过邮局汇款，在汇单"附言"栏填写所购书目，邮购图书均可享受 9 折优惠。购书 30 元（按打折后实款计算）以上的免收邮挂费，购书不足 30 元的按邮局资费标准收取 3 元挂号费，邮寄费由我社承担。邮购地址：北京市丰台区晓月中路 29 号，邮政编码：100072，联系人：金友，电话：(010)83210681、83210682、83219215、83219217(传真)。